EXCELLENT COURSE

高等院校精品课程系列教材

工程招投标
模拟实训教程

ENGINEERING BIDDING
SIMULATION TRAINING COURSE

柏乃宁 张友志 张玮 编著

机械工业出版社
CHINA MACHINE PRESS

本书主要依据现行相关法律法规和示范文本，以及新点软件公司开发的面向高校的工程招投标模拟实训系统，并结合全国造价工程师、一级建造师等执业资格考试相关内容，介绍了建设工程招投标的相关理论知识、法律法规要求，以及招投标软件系统的操作方法。本书共分6章：工程招投标，工程招标及模拟实训，工程投标及模拟实训，工程开标、评标、定标及模拟实训，招投标清单编制及模拟实训，工程项目招投标实训案例。本书按照工程招投标的流程顺序进行详细的介绍并配合新点软件的招投标实训教程进行模拟实训。

本书可以作为高等院校工程管理、工程造价、土木工程等专业的教材，也可供从事工程招投标方面工作的专业技术人员参考。

本书及与之配套的中国大学MOOC平台公开线上课程均由教材编写团队教师完成，免费提供给选用本书的学习者和老师。

图书在版编目（CIP）数据

工程招投标模拟实训教程 / 柏乃宁，张友志，张玮编著 . —北京：机械工业出版社，2023.11
高等院校精品课程系列教材
ISBN 978-7-111-74157-2

Ⅰ . ①工… Ⅱ . ①柏… ②张… ③张… Ⅲ . ①建筑工程 – 招标 – 高等学校 – 教材 ②建筑工程 – 投标 – 高等学校 – 教材
Ⅳ . ① TU723

中国国家版本馆 CIP 数据核字（2023）第 207441 号

机械工业出版社（北京市百万庄大街 22 号　邮政编码 100037）
策划编辑：张有利　　　　　责任编辑：张有利　宫晓梅
责任校对：潘　蕊　梁　静　责任印制：李　昂
河北鹏盛贤印刷有限公司印刷
2024 年 1 月第 1 版第 1 次印刷
185mm×260mm・18.5 印张・367 千字
标准书号：ISBN 978-7-111-74157-2
定价：49.00 元

电话服务　　　　　　　　　　　网络服务
客服电话：010-88361066　　　机　工　官　网：www.cmpbook.com
　　　　　010-88379833　　　机　工　官　博：weibo.com/cmp1952
　　　　　010-68326294　　　金　书　网：www.golden-book.com
封底无防伪标均为盗版　　　　　机工教育服务网：www.cmpedu.com

前　言
PREFACE

　　工程招投标是工程项目管理的重要内容之一，在实际工程招投标中以电子招投标为主要形式。目前，全国 70% 以上的电子招投标使用新点软件。2019 年国泰新点软件股份有限公司（简称新点软件公司）开发了一套面向高校学生或初入职专业技术人员的模拟实训系统。该系统完全模拟真实电子招投标流程，理论结合实际，不仅给学习者提供了非常好的模拟实操平台，而且有利于工程招投标应用型人才的培养。

　　本书在《中华人民共和国民法典》《电子招标投标办法》《江苏省房屋建筑和市政基础设施工程施工招标文件示范文本（2017 年—适用于资格预审）》《江苏省房屋建筑和市政基础设施工程施工招标文件示范文本（2017 年—适用于资格后审）》《新点招投标实训系统指导手册》《新点清单造价软件操作流程》等法律法规、资料和数据的基础上，结合编著者近 20 年的教学和工程实践经验编写而成。

　　本书主要有以下三个特色：

　　1）根据工程招投标流程的全过程，按顺序进行内容讲解。每一部分首先对相关的理论知识点进行介绍和说明，再配合对应环节的电子招投标实践操作进行逐步讲解。一讲一练，理论结合实操。

　　2）模拟实操与实际工程招投标的流程及操作步骤高度匹配，但内容更加精简。新点软件公司开发的高校工程招投标模拟实训系统的操作步骤，90% 以上和实际工程电子招投标步骤一致，但为了初学者有更好的实操体验，书中内容进行了一定的简化，提供的部分数据包直接复制粘贴即可使用。

　　3）本书配有中国大学 MOOC 平台公开的线上课程。本书教师团队自 2018 年开始参与新点高校招投标实训软件的前期设计，并于 2020 年在中国大学 MOOC 平台上线"工程合同管理"课程。本书与讲解视频配套使用，能极大提升学习者的使用感。

　　本书可作为高等院校工程管理、工程造价、土木工程等专业的教材，也可供从事工程招投标方面工作的专业技术人员参考。

　　本书由江苏科技大学柏乃宁、张友志和安徽财经大学张玮合作编著。其中，柏乃宁编写第 1～5 章，张友志、张玮编写第 6 章。本书在撰写过程中参考和引用了许多专家、学者的著作及相关标准、规范，在此表示衷心的感谢！

　　由于编著者水平有限，书中难免有疏漏和不足之处，敬请读者批评指正。

目　录
CONTENTS

前　言

第 1 章
CHAPTER 1

工程招投标

1.1 工程招投标概述

1.1.1 工程招投标的概念

工程招投标是指在货物、工程和服务的采购行为中，招标人通过事先公布采购要求，吸引众多的投标人按照同等条件进行平等竞争，按照规定程序并组织技术、经济和法律等方面的专家对众多的投标文件进行综合评审，从中择优选定工程项目的中标人的行为过程。

工程招投标是一种有序的建设工程市场竞争性交易方式，也是规范选择交易主体、订立交易合同的法律程序，其实质是以较低的采购价格获得最优的货物、工程和服务。

1.1.2 工程招投标的作用

1. 维护建设工程市场经济体系正常运行

市场经济是指通过市场配置社会资源的经济形式。市场可以是有形的，也可以是无形的。在市场上进行各种交易活动的当事人称为市场主体。现代市场经济运行的基础是市场竞争，并且经济行为主体的责、权、利界定分明。

建设工程市场本身就存在着激烈的市场竞争，且需要对行为主体的责、权、利进行明确的界定。工程招投标可以维护和规范建设工程市场竞争秩序，保护当事人的合法权益，提高市场交易的公平性、满意度和可信度，从而促进企业和社会的法治、信用建设，促进政府转变职能，提高行政效率，建立健全现代市场经济体系。

│ 知识拓展 │

计划经济与市场经济

20世纪50至70年代，我国实行计划经济体制，初步完成工业化。计划经济一般是政府按事先制定的计划，提出国民经济和社会发展的总体目标，制定合理的政策并采取措施，有计划地安排重大经济活动，引导和调节经济运行方向。计划经济资源的分配，包括"生产什么""生产多少"均由政府计划决定。例如，某工程项目由哪个建筑公司承建，在计划经济时期是由政府行政机关直接计划指定的，不需要经过市场竞争，也不存在招投标的行为。

1978年，我国开始实行改革开放，1984年，提出发展有计划的商品经济，1992年，提出建立社会主义市场经济体制。从此我国加快了由计划经济体制向社会主义市场经济体制转轨的步伐，全国呈现出经济建设迅猛发展的景象。

2. 激励建设工程企业不断提升市场竞争力

招投标行为最重要的特点之一就是市场竞争，通过与同行进行专业的竞争，公开、公平、公正地确定中标单位。企业的市场竞争力决定企业的中标率，也决定企业的生存能力和发展。工程招投标能够促进企业积极引进先进的技术和管理体系，激励企业不断提高生产、服务的质量以及市场信誉等，最终提升企业自身的市场竞争力。

3. 提高建设工程项目的经济效益和社会效益

工程招投标通过公开、公平的竞争，实现了优胜劣汰，从而使资源得到最大限度的优化配置。通常情况下，通过工程招投标确定的中标方提供的方案综合性价比最高，这不仅提高了项目本身的经济效益，也节约了社会资源，提升了社会效益。

4. 保障建设工程交易行为的合法性

建设工程招投标包括招标、投标、评标、定标等一系列法定程序。1999年第九届全国人民代表大会常务委员会第十一次会议通过了《中华人民共和国招标投标法》（以下简称《招标投标法》），2017年进行了修正。2011年，国务院公布了《中华人民共和国招标投标法实施条例》(以下简称《招标投标法实施条例》)，自 2012 年 2 月 1 日起施行，并分别于 2017 年、2018 年、2019 年进行了修订。这部条例进一步规范了招标投标活动。

这些法律法规的不断出台和完善，保障了国家和社会的公共利益，保护了招投标参与方的合法利益，有利于更加合理、有效地使用国有资金和企业资金等，从而有利于构建从源头预防腐败交易的社会监督制约体系。

1.1.3　工程招投标的特点

1. 竞争性

工程招投标活动的核心是竞争，这与计划经济时代指定企业、指定生产形成了鲜明的对比。通常情况下，有效投标人如果少于 3 家，将会流标。任何一家投标人至少有 2 家竞争对手，实践中也存在几十家投标人竞争一个项目的激烈情形。所以投标人必须以各自的实力、信誉、服务、质量、报价等优势，战胜其他投标者。竞争是市场经济的本质要求，也是招投标的根本特点。

2. 规范性

建设工程项目一般情况下涉及资金量大，周期长，所以招投标活动必须严格遵守法律程序。《招标投标法》以及《招标投标法实施条例》等相关法律政策对招投标各个环节的工作条件、内容、范围、形式、标准以及参与主体的资格、行为和责任都做出了严格的规定，并且对招标人从确定招标范围、招标方式、招标组织形式到选择中标人并签订合同的招投标全过程每一环节的时间、顺序都有严格、规范的限定，不能随意变更。任何违反法律规定的招投标行为，都可能侵害其他当事人的权益，必须承担相应的法律后果。规范性既是对招投标活动的约束管理，也是对招投标双方主体利益最大限度的保护。

3. 专业性

工程招投标属于招投标的一种类型，具有很强的专业性。工程招投标和工程项目的建设活动，对招投标双方的专业能力提出了很高的要求。

工程招投标中的招标方需要提供专业的建设工程招标文件，并具备一定的建设项目管理能力。如果招标人不具备招标文件的编制能力，则需要委托有编制能力、有资质的工程咨询第三方帮助其编制。招标文件中所包含的内容不仅要符合法律规定，还要符合行业文本格式要求，并且能够充分体现招标方的实际要求。除此以外，招标方还需要委托专业的项目管理第三方，帮助其进行建设工程项目的现场管理。

工程招投标中的投标方，不仅要能够编制投标文件，还要能够完成建设工程项目的实施与建造等一系列建设活动。投标文件的编制不仅要合法合规，更要在合法的前提下充分运用专业的投标策略体现投标企业自身的竞争力，从而提高中标率。而中标率的高低将直接决定投标企业的发展存亡。中标后，中标人的履约能力又将直接决定项目的利润率，也直接影响中标人的盈利水平。

4．一次性

（1）一标一投

同一个工程项目，每一个投标人只能递交一份投标文件，不允许同时递交多份投标文件。

（2）一次性报价

双方不得在招投标过程中就实质性内容进行协商谈判、讨价还价。这也是招投标与询价采购、谈判采购以及拍卖竞价的主要区别。

（3）一次性招标

招标成功后，不得重新招标或二次招标，确定中标人后，招标人和中标人应及时签订合同。通常情况下，不得反悔、放弃或剥夺中标权利。但是招标活动组织失败的，可以对同一工程项目进行二次招标。

1.1.4 工程电子招投标流程

目前，工程实践中大部分工程项目招投标采用电子招投标形式，而工程所有的招投标工作也都向无纸化方向发展。工程电子招投标流程（图1-1）主要涉及三方的操作：发标方（即招标方、招标人）、投标方（即投标人）和评审中心（即公共资源交易中心）。招标方在平台上完成招标文件的发布，投标方在平台上进行投标，最终在评审中心进行电子开标、评标和定标。电子招标投标交易平台为各地区的公共资源交易中心，通常情况下各地区公共资源交易中心以县、区、市为单位，一个地区往往有多个交易平台。以江苏省苏州地区为例，苏州地区包括如下评审中心：苏州市公共资源交易中心、苏州工业园区公共资源交易中心、昆山市公共资源交易中心、常熟市公共资源交易中心、张家港市公共资源交易中心等多个交易中心。

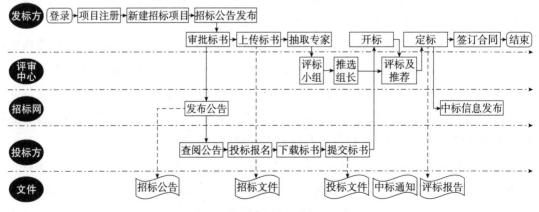

图1-1 工程电子招投标流程

1.1.5 工程招投标各阶段各角色工作流程图

工程招投标中的主要角色包括招标方、投标方和行业监督管理部门。招标方的工作从**招标资格与备案**阶段开始，直至与中标人**签署合同**为止。投标方的工作则从**发布招标公告或投标邀请书**阶段**获取招标项目信息**开始，如果中标，直至与招标方**签署合同**为止，如果未中标，则直至**发出中标通知书**阶段**未中标人接收中标结果通知书**为止。各阶段各角色具体工作内容如图 1-2 所示。

招投标项目流程图

工作阶段	招标人	投标人	监督管理部门
招标资格与备案	招标人自行办理招标事宜，按规定向建设行政主管部门备案；委托代理招标事宜的应签订委托代理合同		建设行政主管部门接收备案
确定招标方式	按照法律法规和规章确定公开招标或邀请招标		
发布招标公告或投标邀请书	实行公开招标的，应在国家或地方指定的报刊、信息网或其他媒介，并同时在中国工程建设和建筑业信息网上发布招标公告，实行邀请招标的应向三个以上符合资质条件的投标人发送投标邀请书	获取招标项目信息	
编制、发放资格预审文件和递交资格预审申请书	采用资格预审的，编制资格预审文件，向参加投标的申请人发放资格预审文件 接受资格预审申请书	获取资格预审文件 投标人按资格预审文件要求填写资格预审申请书（若是联合体投标，应分别填报每个成员的情况），并递交	
资格预审，确定合格的投标申请人	审查、分析投标申请人报送的资格预审申请书的内容 确定合格投标申请人 向合格投标申请人发放资格预审合格通知书	合格投标申请人获得资格预审合格通知书，并提交书面回执	
编制、发出招标文件	编制招标文件 将招标文件发售给合格的投标申请人（含被邀请的投标申请人），同时向建设行政主管部门备案	获取招标文件回执 开始准备投标文件，收集有关资料和相关信息	建设行政主管部门接收招标文件的备案
踏勘现场	组织投标人踏勘现场	现场踏勘 招标文件和踏勘现场中的问题可以通过以下方法提出	

图1-2 工程招投标各阶段各角色工作流程图

图1-2　工程招投标各阶段各角色工作流程图（续）

1.2　建筑市场的主体和客体

1.2.1　建筑市场的主体

1. 业主

业主一般又称为**建筑单位**，俗称**甲方**，在《建筑工程施工合同》中被定义为**发包人**，是招投标市场中的主体之一——**招标方**。

业主是指拥有相应的建设资金，办妥项目建设的各种准建手续，以建成该项目并使其达到经营使用要求的政府部门、事业单位、企业单位和个人。通俗地说，业主就是工程项目的出资者，也是项目的所有者。

业主可以是自然人、法人和其他组织，也可以是本国公民或组织，还可以是外国公民或组织。业主在项目建设过程中的主要职责包括建设项目的立项决策、资金筹措与管理、招标与合同管理、施工与质量管理、竣工验收与试运行以及建设项目的统计和文档管理。

业主可能是项目最初的发起人，也可能是发起人与其他投资人合资成立的项目法人公司，在项目的保修阶段，业主还可能被业主委员会（由获得了项目产权的买家或小买家群体组成）取代。

目前，国内工程项目的业主可归纳为以下几种类型：

1）企业、机关或事业单位如投资新建、扩建或改建工程，则此等企业、机关或事业单位即为此等项目的业主。

2）对于有不同投资或参股的工程项目，业主是共同投资方或者参股方组成的董事会或工程管理委员会。

3）对于开发公司自行融资、由投资方组建工程管理公司和委托开发公司建造的工程项目，开发公司和此等工程管理公司为此等项目的业主。

4）除上述三种情形之外的其他业主。

2. 承包方

承包方一般又称为**承建单位**，俗称**乙方**，在《建筑工程施工合同》中被定义为**承包人**，是指与业主订有施工合同并按照合同为业主修建合同所界定的工程直至竣工并修复好其中任何质量缺陷的施工企业。

但实际工程中存在承包商的特殊情况，例如：

1）在EPC（设计 - 采购 - 施工）总承包合同关系中，EPC总承包商承担了工程设计单位、材料设备采购单位和施工单位的三项职能。

2）在招投标市场中，承包商可以作为**投标方**，当其作为总包单位需要分包项目的时候，可以作为分包项目和分包商的**招标方**。所以承包方和发包商是相对概念，并不是绝对概念。

3. 勘察设计单位

建设工程项目勘察主要是指勘察人完成工程项目地质情况的勘察，并出具相应的勘察报告。建设工程项目设计则是设计人依据业主的要求和合同，完成项目设计并出具项目设计图。

勘察设计单位在招投标市场中，既可以作为投标方，也可以作为招标方（当其需要分包项目的时候）。如，EPC 总承包工程项目中，勘察设计单位经常作为 EPC 总承包商的角色进行投标，并作为项目业主的角色进行分项工程的发包。

4. 材料设备供应商

建设工程项目完成过程中，一定会需要相关建筑材料和设备，这就存在材料和设备的采购问题。材料、设备供应商，即供货方，一般都是工程项目合同关系中的乙方，甲方，即采购方有可能是业主，也有可能是承包商。

当工程项目实行总承包招标时，未包括在总承包范围内的货物达到国家规定规模标准的，应当由招标人依法组织招标；以暂估价形式包括在总承包范围内的货物达到国家规定规模标准的，应当由总承包中标人和工程建设项目招标人共同依法组织招标。双方当事人的风险和责任承担由合同约定。

5. 工程咨询公司

工程咨询公司是指具有一定注册资金，具有一定数量的工程技术、经济、管理人员，取得工商营业执照、建设咨询证书，能为工程建设提供估算计量、管理咨询、建设监理等智力型服务并获取咨询费用的企业。在我国的招投标市场中，工程咨询公司一般是第三方的角色，受业主委托完成一系列工程咨询工作。

工程咨询公司的主要工作内容如下。

（1）造价咨询

前期阶段：投资估算、概算的编制和审核，前期测算，成本规划。

实施阶段：工程量清单、模拟清单的编制，标底或预算编制，闭口包干价（或重计量）的编制和审核，跟踪审计，全过程造价咨询。

竣工阶段：竣工结算的编制、审核。

（2）招标代理

招标代理机构是依法设立、从事招标代理业务并提供相关服务的社会中介组织。为深入推进工程建设领域"放管服"改革，2017 年 12 月 28 日，住房和城乡建设部发文取消工程项目招标代理机构资格认定。招标代理机构按自愿原则向工商注册所在地省级建筑市场监管一体化工作平台报送基本信息，并对报送信息的真实性和准确性负责。2021年 3 月 27 日，中华人民共和国国家发展和改革委员会令第 42 号，发布了《关于废止部分规章和行政规范性文件的决定》，正式废止《中央投资项目招标代理资格管理办法》，4月 1 日起正式施行。这标志着中央投资项目招标代理资格的彻底取消，也意味着招标代理资质已被全部取消。

招标代理机构的具体业务活动包括：帮助招标人或受其委托拟定招标文件，依据招标文件的规定，审查投标人的资质，组织评标、定标等；提供与招标代理业务相关的服务，即提供与招标活动有关的咨询、代书及其他服务性工作。

（3）BIM 咨询

BIM 咨询包括 BIM 模型搭建、模型可视化展示、建筑三维动画渲染制作、碰撞检查、管线综合优化、项目实施过程跟踪管理。

（4）全过程工程咨询

全过程工程咨询包括全过程管理以及投资咨询，勘察、设计咨询，招标代理及造价咨询，监理咨询，运行维护咨询。

工程咨询公司主要向建设项目业主提供工程咨询和管理等智力型服务，以弥补业主对工程建设业务了解的不足。工程咨询公司并不是工程承发包的当事人，但受业主聘用，与业主订有协议书和合同，因而在项目的实施中承担重要的责任。

6. 工程监理

工程监理是指具有相关资质的监理单位受甲方的委托，依据国家批准的工程项目建设文件、有关工程建设的法律法规、工程建设监理合同及其他工程建设合同，代表甲方对乙方的工程建设实施监控的一种专业化服务活动。

工程监理是一种有偿的工程咨询服务，属于工程咨询公司服务范畴之一；工程监理是受甲方委托进行的；监理的主要依据是法律法规、技术标准、相关合同及文件；监理的准则是守法、诚信、公正和科学；监理的目的是确保工程建设质量和安全，提高工程建设水平，充分发挥投资效益。

1.2.2　建筑市场的客体

建筑市场的客体是工程招投标市场交易的对象，既包括有形建筑产品，也包括无形建筑产品。建筑产品本身及其生产过程的特殊性，使其具有与其他工业产品不同的特点。在不同的生产交易阶段，建筑产品表现为不同的形态。它可以是咨询公司提供的咨询报告、咨询意见或其他服务，也可以是勘察设计单位提供的设计方案、施工图、勘察报告，还可以是生产厂家提供的混凝土构件，或者是承包人生产的各类建筑物和构筑物。

1.3　工程招标和投标的基本内容

1.3.1　工程招标及招标人

1. 定义

工程招标是指招标人将建设工程任务通过招标发包或直接发包的方式，交付给具有法定从业资格的单位完成，并按照合同约定支付报酬的行为。

工程招标人是指依法提出招标项目、进行招标的法人或者其他组织。它是建设工程项目的投资人（即业主），包括各类企业单位、事业单位、机关、团体、合资企业、独资企业、国外企业以及企业分支机构。

现实中，由于大量的招标人是各类企业单位、事业单位、机关单位等，如学校、医院、工厂等，但它们并不是专业的建筑工程单位，所以招标人可能并不具备编制招标文件的团队和能力，因此会聘请招标代理机构完成招标文件的编制以及后期的招投标的相关工作。

2. 招标人的权益

1）自行组织招标或委托招标代理机构进行招标。

2）自由选择招标代理机构并核验其资质证明。

3）要求投标人提供有关资质情况的资料。

4）确定评标委员会，并根据评标委员会推荐的候选人确定中标人。

3. 招标人的职责

1）不得侵犯投标人、中标人、评标委员会等的合法权益。

2）委托招标代理机构进行招标时，应向其提供招标所需要的有关资料和支付委托费。

3）接受招标投标行政监督部门的监督管理。

4）与中标人订立与履行合同。

4. 招标人（代理）的工作流程

招标代理从接受代理任务开始，就要代表招标人进行一系列招标工作，具体工作流程如图 1-3 所示。从电子招投标平台上进行项目注册开始，直至发布中标通知书为止，要完成所有招标人需要完成的招标工作。

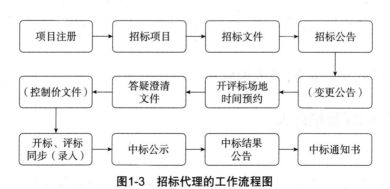

图1-3　招标代理的工作流程图

1.3.2　工程招标的方式

根据我国的《招标投标法》规定，招标分为公开招标和邀请招标。

1. 公开招标

公开招标是指招标人以招标公告的方式邀请不特定的法人或其他组织投标。依法必须进行招标的项目的招标公告，应当通过国家指定的报刊、信息网络或其他媒介发布。《招标投标法实施条例》规定，国有资金占控股或者主导地位的依法必须进行招标的项目，应当公开招标。

（1）公开招标的特点

1）**不限制性**。招标人发出招标公告，其针对的对象是所有对招标项目感兴趣的法人或者其他组织，对参加投标的投标人在数量上并没有限制，具有广泛的竞争性。

2）**公开性**。公开招标应当采用公告的方式，向社会公众明示其招标要求，从而保证招标的公开性。这种公告方式可以大大提高招标活动的透明度，对招标过程中的不正当交易行为起到较强的预防作用。

（2）公开招标的优点

1）**促进公开、公平竞争**。公开招标采用公告的方式向社会公众明示其招标要求。公开发布招标信息有利于为潜在的投标人提供均等的竞争机会，能够保证所有符合要求的投标人都有机会参加投标，且对参加投标的投标人在数量上并没有限制，具有广泛的公平竞争性。与此同时，一些国家级重大项目，如奥运会场馆、国家大剧院、上海世博园等项目的公开招标都是面向全世界的，投标人往往会打破国界，这不仅有利于招投标双方的技术交流和学习对方先进的工程技术及管理经验，还有利于推动整个国家和行业的技术发展。

2）**获得高性价比建筑产品**。公开招标有利于招标人获得合理的投标报价，取得最佳投资效益。由于公开招标是无限竞争性招标，竞争相当激烈，使招标人能切实做到货比多家，有充分的选择余地。招标人利用投标人之间的竞争，一般都会选择质量好、工期最短、价格最合理的投标人承建工程，使自己获得较高的投资效益和高性价比的建筑产品。

3）**减少徇私舞弊等违法行为**。公开招标是根据预先制定的合法且众所周知的程序和标准公开进行的，各项流程和资料信息全部公开公示，很多城市还建立了电子招投标交易中心，在电子招投标平台上实现了招投标全流程电子化操作，全程电子信息监控。招投标双方为了维护自身的利益，不仅是招标人和投标人，同时也是流程的监督者。因此能有效防止传统招标投标过程中徇私舞弊等违法行为的发生。

（3）公开招标的缺点

1）招标工作量大。由于对投标人的数量没有限制，符合要求的投标人均可投标，招标信息又是全网公开的，因此会吸引众多投标人。公开招标的投标人的数量一般情况下较邀请招标多很多。招标人组织工作复杂，如采用资格预审方式的，资格预审工作量大，评标阶段的评标工作量也很大，且评标时间长。

2）招标时间长，费用高。由于投标人数众多，招标工作量大，从而导致招标时间跨度大，过程中产生的费用也较高。

（4）公开招标的流程（图1-4）

首先要确定招标方案，是自己招标还是委托代理招标。其次，要确定资格审核的方式，是资格预审还是资格后审，资格审核方式决定了部分流程的先后次序。再次，准备招标文件备案，并进行开评标场地时间预约。与此同时，招标文件发布后，要准备一系列备案，包括答疑澄清文件备案、招标控制价备案、招标人评委备案、现场勘察备案等。然后，进入开标、评标和定标的环节，确定好中标人后，进行评标结果公示并发布中标结果公告和中标通知书，招标方与投标方签订完合同后，进行合同备案。

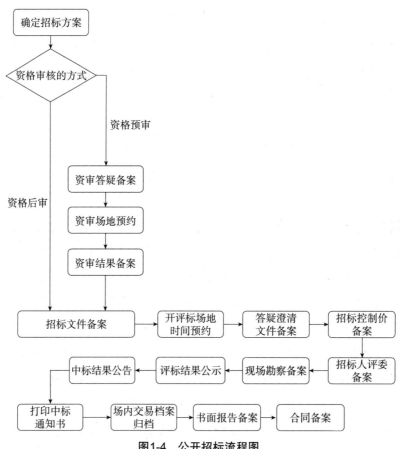

图1-4　公开招标流程图

2. 邀请招标

邀请招标是指招标人以投标邀请书的方式邀请特定的法人或其他组织投标。《招标投标法》规定：招标人采用邀请招标方式的，应当向三个及以上具备承担招标项目的能力、资信良好的特定的法人或者其他组织发出投标邀请书；国务院发展计划部门确定的国家重点项目和省、自治区、直辖市人民政府确定的地方重点项目不适宜公开招标的，经国务院发展计划部门或省、自治区、直辖市人民政府批准，可以进行邀请招标。由于被邀请参加的投标竞争者有限，该方式不仅可以节约招标费用，还可以提高每个投标者的中标概率。

依据《招标投标法实施条例》，国有资金占控股或者主导地位的依法必须进行招标的项目，应当公开招标；但有下列情形之一的，可以邀请招标：

1）技术复杂、有特殊要求或者受自然环境限制，只有少量潜在投标人可供选择。

2）采用公开招标方式的费用占项目合同金额的比例过大。

由于邀请招标限制了充分竞争，因此其他情况下招标人应尽量采用公开招标。

邀请招标的主体流程（图1-5）和公开招标的主体流程是基本一致的，差别有两点：①邀请招标需要发布投标邀请函，但不需要发布招标公告。公开招标则需要发布招标公告，但不需要发布投标邀请函。②资格审查的工作量不同。邀请招标因为仅仅邀请几家比较了解和信任的公司，所以资格审查的工作量相对较少，招标人对投标人比较了解才会进行邀请。而公开招标犹如海选，招标人与投标人完全不了解，尤其是采用资格预审方式，资格审查工作量很大。无论是公开招标还是邀请招标，一旦进入开标、评标和定标直至签订合同，流程内容是完全一样的。

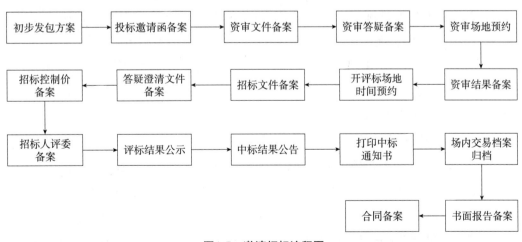

图1-5　邀请招标流程图

（1）邀请招标的优点

1）招标工作量小。由于邀请招标邀请的是有限数量的几家投标人，投标人总体数量较少。虽然仍需要组织必要的资格审查（资格预审或资格后审），但不必发布招标公告或招标资格预审文件，招标组织活动减少，招标人的组织管理工作量也相应减少。

2）招标时间短，费用低。由于简化了招标程序，且投标人数量较少，招标时间相应减少，降低了招标费用。

3）招投标双方风险较小。邀请招标邀请的投标人，一般情况下都是招标人比较熟知且符合招标要求的相关投标企业，招标人对这些投标人的企业履历、工作业绩以及履约能力是比较了解的，也可能有过合作的项目，且合作较为愉快。反之，接受邀请的投标人，对招标人的企业履历、资金实力和付款能力等也是比较了解的。招标人和投标人之间相互熟悉，极大地降低了招投标双方的风险。

（2）邀请招标的缺点

竞争性差，不利于获得高性价比建筑产品。由于参加投标的投标人较少，投标人的技术水平存在一定的局限性，且投标人之间竞争性较差，从而导致招标人很难了解市场上所有承包商的情况，可能会错过一些在技术、报价方面更具有竞争力的投标人，从而不利于招标人获得高性价比建筑产品。

1.3.3　工程招标的类型

建设工程根据其招标范围的不同通常有以下几种类型。

1）建设工程施工招标。这是指工程施工阶段的招标活动全过程。它是目前国内外工程项目建设中最常见的一种发包形式，也是建筑市场的基本竞争方式。建设工程施工招标特点是招标范围灵活化、多样化，施工专业化。

2）建设工程 EPC 招标。这是指 EPC 总承包商受业主委托，按照合同约定对工程建设项目的设计、采购、施工、试运行等实行全过程或若干阶段的承包。通常总承包商在总价合同条件下，对其所承包工程的质量、安全、费用和进度进行负责。EPC 工程合同是一种非常特殊的合同类型，招标时是没有设计图的，但业主需要完成前期的勘察工作，并提供勘察资料给投标方。

3）建设工程勘察设计招标。这是指把工程项目的勘察设计工作进行招标。传统承发包模式下，设计院都具备勘察资质，勘察和设计两样工作都由设计院完成。但在 EPC 总承包发包模式下，勘察是由业主方完成并提供的，而设计由 EPC 总承包商完成，勘察和设计是分开进行的。

4）建设工程材料和设备供应招标。这是指招标人就拟购买的材料设备发布公告或者邀请，以法定方式吸引建设工程材料设备供应商参加竞争，从中择优选择条件优越者购买其材料设备的行为。

在实践中，材料和设备往往分别进行招标。工程所需要的材料设备一般可以分为由施工单位全部包料、部分包料和由建设单位全部包料三种情况。在上述任何一种情况下，建设单位或施工单位都可能作为招标单位进行材料或者设备供应招标。

5）**建设工程监理招标**。这是指招标人为了委托监理任务的完成，以法定方式吸引监理单位参加竞争，从中选择条件优越的工程监理企业的行为。

6）**建设工程全过程招标**。这即通常所称的"交钥匙"工程承包方式。建设工程全过程招标是指从项目建议书开始，包括可行性研究、勘察设计、设备和材料询价及采购、工程施工、竣工验收直至交付使用等实行全面招标。

在我国，一些大型工程项目进行全过程招标时，一般先由建设单位通过招标方式确定总承包单位，再由总承包单位，按其工作内容、分阶段或分专业进行分包，即进行第二次招标。当然，也有些总承包单位独立完成该项目。

1.3.4　工程招标的组织形式

工程招标组织形式分为**自行招标**和**委托招标**。依法必须招标的项目经批准后，招标人根据项目实际情况需要和自身条件，可以自主决定委托招标代理机构进行委托招标或者自行招标。

1. 自行招标

自行招标是指招标人自身具有编制招标文件和组织评标能力，依法自行办理和完成招标项目的招标任务。

招标人自行办理招标事宜所应当具备的具体条件：

1）具有法人资格或项目法人资格。

2）具有与招标项目规模和复杂程度相适应的工程技术、概预算、财务和工程管理等方面专业技术力量。

3）具有从事同类工程建设项目招标的经验。

4）拥有三名及以上取得招标职业资格的专职招标业务人员。

5）熟悉和掌握《招标投标法》及有关法律规章。同时，《招标投标法》中规定的必须进行招标的项目，招标人自行办理招标事宜的，应当向有关行政监督部门备案。

自行招标条件的核准与管理一般采取事前监督和事后监督管理方式。事前监督主要包括：①招标人应向项目主管部门上报具有自行招标条件的书面材料；②由主管部门对自行招标书面材料进行核准。事后监督管理是对招标人自行招标的事后监管，主要体现在要求招标人提交招投标情况的书面报告。

2. 委托招标

《招标投标法》规定，招标人有权自行选择招标代理机构，委托其办理招标事宜。当招标单位缺乏与招标工程相适应的经济、技术管理人员，没有编制招标文件和组织评标的能力时，应认真挑选并慎重委托具有相应资质的招标代理机构代理招标。

（1）建设工程招标代理行为的特点

1）建设工程招标代理人必须以被代理人的名义办理招标事务。

2）建设工程招标代理人具有独立进行意思表示的权利。这样才能使建设工程招标活动得以顺利进行。

3）建设工程招标代理权利应在委托授权的范围内使用。建设工程招标代理在性质上是一种委托代理，即基于被代理人的委托授权而发生的代理。招标代理机构若没有招标人的委托授权，就不能进行招标代理，否则就是无权代理。招标代理机构已经获得建设工程招标人委托授权的，也不能超出委托授权范围进行招标代理，否则属于无权代理。

4）建设工程招标代理行为的法律效果归属于被代理人。被代理人对超出授权范围的代理行为有拒绝权和追索权。

（2）招标代理机构业务范畴

招标代理机构应在资格等级范围内代理下列全部或部分业务：

1）代拟招标公告或投标邀请函。

2）代拟和出售招标文件、资格审查文件。

3）协助招标人对潜在投标人进行资格预审。

4）编制工程量清单或标底。

5）组织召开图纸会审、答疑、踏勘现场、编制答疑纪要。

6）协助招标人或受其委托依法组建评标委员会。

7）协助招标人或受其委托接受投标、组织开标、评标、定标。

8）代拟评标报告和招投标情况书面报告。

9）办理中标公告和其他备案手续。

10）代拟合同。

11）办理与招标人约定的其他事项。

1.3.5   工程招标的范围

不同建筑类型、不同资金来源、不同投资数额的工程项目招标的方式不同。不是所有的项目都需要招标，更不是所有的项目都需要进行公开招标或邀请招标，有的项目是可以不招标的，甚至有的项目不能进行招标。因此要根据工程项目的具体信息对照国家规定确定不同的招标范围。

1. 必须招标的范围

按照《招标投标法》第三条的规定，在中华人民共和国境内进行下列工程建设项目包括项目的勘察、设计、施工、监理以及与工程建设有关的重要设备、材料等的采购，必须进行招标：

1）大型基础设施、公用事业等关系社会公共利益、公众安全的项目。

①煤炭、石油、天然气、电力、新能源等能源基础设施项目。

②铁路、公路、管道、水运，以及公共航空和 A1 级通用机场等交通运输基础设施项目。

③电信枢纽、通信信息网络等通信基础设施项目。

④防洪、灌溉、排涝、引（供）水等水利基础设施项目。

⑤城市轨道交通等城建项目。

2）全部或者部分使用国有资金投资或者国家融资的项目。

①使用预算资金 200 万元人民币以上，并且该资金占投资额 10% 以上的项目。

②使用国有企业、事业单位资金，并且该资金占控股或主导地位的项目。

3）使用国际组织或者外国政府贷款、援助资金的项目。

①使用世界银行、亚洲开发银行等国际组织贷款、援助资金的项目。

②使用外国政府及其机构贷款、援助资金的项目。

不属于以上规定情形的大型基础设施、公用事业等关系社会公共利益、公众安全的项目，必须招标的具体范围由国家发展和改革委员会同国务院有关部门按照确有必要、严格限定的原则制定，报国务院批准。

4）《必须招标的工程项目规定》提到，本规定第二条至第四条规定范围内的项目，其勘察、设计、施工、监理以及与工程建设有关的重要设备、材料等的采购达到下列标准之一的，必须招标：

①施工单项合同估算价在 400 万元人民币以上。

②重要设备、材料等货物的采购，单项合同估算价在 200 万元人民币以上。

③勘察、设计、监理等服务的采购，单项合同估算价在 100 万元人民币以上。

同一项目中可以合并进行的勘察、设计、施工、监理以及工程建设有关的重要设备、材料等的采购，合同估算价合计达到前款规定标准的，必须招标。

2. 邀请招标的范围

按照《招标投标法实施条例》的规定，国有资金占控股或者主导地位的依法必须进行招标的项目，应当公开招标；但有下列情形之一的，可以邀请招标：

1）技术复杂、有特殊要求或者受自然环境限制，只有少量潜在投标人可供选择。

2）采用公开招标方式的费用占项目合同金额的比例过大。

邀请招标中的第2）种情形，由项目审批、核准部门在审批、核准项目时做出认定；其他项目由招标人申请有关行政监督部门做出认定。

《工程建设项目施工招标投标办法》规定，全部使用国有资金投资或者国有资金投资占控股或者主导地位的并需要审批的工程建设项目的邀请招标，应当经项目审批部门批准，但项目审批部门只审批立项的，由有关行政监督部门审批。

3. 不招标的范围

根据《工程建设项目施工招标投标办法》的规定，依法必须进行施工招标的工程建设项目有下列情形之一的，可以不进行施工招标：

1）涉及国家安全、国家秘密、抢险救灾或者属于利用扶贫资金实行以工代赈需要使用农民工等特殊情况，不适宜进行招标。

2）施工主要技术采用不可替代的专利或者专有技术。

3）已通过招标方式选定的特许经营项目投资人依法能够自行建设。

4）采购人依法能够自行建设。

5）在建工程追加的附属小型工程或者主体加层工程，原中标人仍具备承包能力，并且其他人承担将影响施工或者功能配套要求。

6）国家规定的其他情形。

1.3.6　工程投标及投标人

1. 定义

工程投标是指经过审查获得投标资格的工程承包单位按照招标文件的要求，在规定的时间内向招标单位提交投标文件并争取中标的法律行为。

投标人是指响应招标、参加投标竞争的法人或其他组织。投标人应当具备承担招标项目的能力；国家有关规定对投标人资格条件或招标文件对投标人资格条件有规定的，投标人应当具备规定的资格条件。

投标人参加依法必须进行招标的项目的投标，不受地区或部门的限制，任何单位和个人不得非法干涉。

与招标人存在利害关系可能影响招标公正性的法人、其他组织或者个人，不得参加投标。单位负责人为同一人或者存在控股、管理关系的不同单位，不得参加同一标段投标或未划分标段的同一招标项目投标。违反以上规定的，相关投标均无效。

投标人发生合并、分立、破产等重大变化的，应当及时书面告知招标人。投标人不再具备资格预审文件、招标文件规定的资格条件或者其投标影响招标公正性的，其投标无效。

2. 建设工程施工投标人的资格条件

1）具有独立订立合同的权利。

2）具有履行合同的能力，包括专业、技术资格和能力，资金、设备和其他物质设施状况，管理能力，经验、信誉和相应的从业人员。

3）没有处于被责令停业，投标资格被取消，财产被接管、冻结，破产状态。

4）在最近三年内没有骗取中标和严重违约及重大工程质量问题。

5）国家规定的其他资格条件。

3. 建设工程材料设备投标人的资格条件

法定代表人为同一个人的两个及两个以上法人，母公司、全资子公司及其控股公司，都不得在同一货物招标中同时参与投标。一个制造商对同一品牌、同一型号的货物，仅能委托一个代理商参加投标，否则应做废标处理。

4. 投标人的工作流程（图1-6）

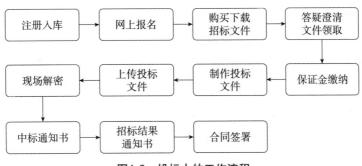

图1-6 投标人的工作流程

投标人的工作流程如下：①要将自己公司的具体信息，如人员资质情况、公司资质情况等注册入库。在现实招投标中，一般投标人的信息都已经保存在信息库中，只有新成立的公司才需要注册入库。②根据招标文件的发布，进行网上报名，报名后购买下载招标文件（也有招标文件是免费领取的）。③有答疑澄清的，需要及时领取答疑澄清文件，没有答疑澄清的，则不用领取。④缴纳一定数额的投标保证金，目前我国已有部分省份规定取消了投标保证金，取消的则不用缴纳。⑤投标人制作好投标文件后，在电子平台上传投标文件，即完成了投标。但此时，招标人或电子交易平台监管方都无法查看上传的投标文件，因为都是加密文件，需要投保人自己在评标现场进行解密后，方可查看到。⑥招标人选中中标人，并向其发布中标通知书后，招标人向其他的投标人发布招标结果通知书。⑦中标人与招标人签署合同。

1.4　工程开标、评标、定标的基本内容

1.4.1　工程开标

工程开标是招标人在规定的时间和地点，在邀请投标人参加（现场参加或云参加）的情况下，当众解密投标文件或当众拆开投标文件，进行唱标，宣布各投标人的名称、投标报价、工期等投标信息的过程。开标会议应由招标单位主持，并邀请所有投标单位的法定代表人或其代理人参加，公证机构公证人员及监督人员也要参加。公开招标和邀请招标均应举行开标会议，体现招标的公平、公开和公正原则。

开标会议的参加人、开标时间、开标地点等要求都必须事先在招标文件里表述清楚、准确，并在开标前做好周密的组织。招标文件公布的开标时间、开标地点、程序和内容一般不得变更，如有特殊原因需要变更，则应按照招标文件的约定，及时发函通知所有潜在投标人。

1. 工程开标的时间、地点

1）开标时间。开标应在招标文件确定的投标截止同一时间公开进行。

2）开标地点。应在招标文件规定的地点进行开标，对于已经设立建设工程（电子）交易中心的地方，开标应当在当地建设工程（电子）交易中心举行。

3）出现以下情况可推迟开标时间：

①招标文件发布后对原招标文件做了变更或补充。

②开标前发现有影响招标公正情况的不正当行为。

③出现突发事件等。

2. 工程开标程序及内容

随着时代的发展，工程招投标活动越来越系统化、科学化、电子化，电子招投标系统的覆盖面越来越广。县级及县级以上具有一定规模的工程项目已全面采用电子招投标。不同地区，开标程序会有部分细节差异，但总体流程一致。在招标文件规定的截标时间后递交的投标文件不得接收，应由招标人原封退还给有关投标人。在截标时间前递交投标文件的投标人少于三家的，招标无效，开标会即告结束，对于必须招标的项目招标人应当依法重新组织招标。

工程开标详细流程及内容如下。

1）投标人签到。

投标人授权出席开标会的代表本人填写开标会签到表，招标人专人负责核对签到人身份，应与签到的内容一致。

2）开标会主持人介绍主要与会人员。

开标会主持人一般为招标人代表，也可以是招标人指定的招标代理机构的代表。主要与会人员包括到会的招标人代表、招标代理机构代表、各投标人代表、公证机构公证人员、见证人员及监督人员等。开标人一般为招标人或招标代理机构的工作人员，唱标人可以是投标人的代表，也可以是招标人或招标代理机构的工作人员，记录人由招标人指派，有形建筑市场工作人员同时记录唱标内容，招标办监管人员或招标办授权的有形建筑市场工作人员进行监督。记录人按开标会记录的要求开始记录。

3）主持人宣布开标会程序、开标会纪律和当场废标的条件。

开标会纪律一般包括：场内严禁吸烟；凡与开标无关人员不得进入开标会场；参加会议的所有人员应关闭手机等；开标期间不得高声喧哗；投标人代表有疑问应举手发言；参加会议人员未经主持人同意不得在场内随意走动。

投标文件有下列情形之一的，应当场宣布为废标：逾期送达的或未送达指定地点的、未按招标文件要求密封的。

4）核对投标人授权代表的身份证件、授权委托书及出席开标会人数。

招标人代表出示法定代表人委托书和有效身份证件，同时招标人代表当众核查投标人的授权代表的授权委托书和有效身份证件，确认授权代表的有效性，并留存授权委托书和身份证件的复印件。法定代表人出席开标会的要出示其有效证件。主持人还应当核查各投标人出席开标会代表的人数，无关人员应当退场。

5）主持人介绍招标文件、补充文件或答疑文件的组成和发放情况，投标人确认。

主要介绍招标文件组成部分、发标时间、答疑时间，以及补充文件或答疑文件的组成、发放和签收情况，可以同时强调主要条款和招标文件中的实质性要求。

6）主持人宣布投标文件截止和实际送达时间。

宣布招标文件规定的递交投标文件的截止时间和各投标单位实际送达时间。招标人在招标文件要求提交投标文件的截止时间前收到的所有投标文件，开标时都应当当众予以拆封，不能遗漏，否则构成对投标人的不公正对待。如果是投标文件的截止时间以后收到的投标文件，则应不予开启，原封不动地退回。

7）主持人公布投标人名称、标段名称、投标报价、质量目标、工期、项目负责人及其他内容。

8）解密招标文件或公布招标文件。

9）解密投标文件或拆封投标文件。

电子招投标中，投标人会带备份的电子投标文件，如果在解密过程中出现解密失败的情形，可以使用备份电子投标文件。

纸质招投标中，依据招标文件约定的方式，组织招标文件的密封检查可由投标人代表或招标人委托的公证人员检查，其目的在于检查开标现场的投标文件密封状况是否与招标文件约定和受理时的密封状况一致。密封不符合招标文件要求的投标文件应当场作废，不得进入评标环节，且招标人应当通知招标办监管人员到场见证。

10）按照开标顺序依次唱标。

主持人宣布开标顺序，如招标文件未约定开标顺序，则一般按照投标文件递交的顺序或倒序进行唱标。

开标由指定的开标人在监督人员及与会代表的监督下当众解密或拆封，解密或拆封后应当检查投标文件组成情况并记入开标会记录，开标人应将投标书和投标书附件以及招标文件中可能规定需要唱标的其他文件交唱标人进行唱标。

唱标内容一般包括投标报价、工期和质量标准、质量奖项等方面的承诺、替代方案报价、投标保证金、主要人员等，在递交投标文件截止时间前收到的投标人对投标文件的补充、修改同时宣布，在递交投标文件截止时间前收到投标人撤回其投标书面通知的投标文件不再唱标，但须在开标会上说明。

11）投标人代表抽取评标基准价系数（如有）。

12）投标人项目负责人、招标人代表、监标人等有关人员在开标记录上签字确认。

13）投标文件、开标会记录等送封闭评标区封存。

实行工程量清单招标的，招标文件约定在评标前先进行清标工作的，封存投标文件正本，副本可用于清标工作。

14）主持人宣布开标结束。

3. 电子招投标的应急措施

电子开标、评标如出现下列情况，导致系统无法正常运行，或者无法保证招投标过程的公平、公正和信息安全时，招投标监管部门和交易中心应采取应急措施。对于应开标但未开标的暂停开标，已在开标系统内开标、评标的，应立即停止，等待系统恢复后再组织进行。

1）系统服务器发生故障，无法访问或无法使用系统。

2）系统的软件或数据出现错误，不能进行正常操作。

3）系统出现安全漏洞，有潜在的泄密风险。

4）病毒发作或受到外来病毒的攻击。

5）其他无法保证招投标过程公平、公正和信息安全的情形。

采取应急措施时，必须对原有资料及信息做妥善保密处理。

4．视为投标人放弃投标的情况

1）投标人的法定代表人或其委托人、投标项目负责人与出席开标会的法定代表人或其委托人、投标项目负责人不一致的。

2）投标人的法定代表人或其委托人、投标项目负责人擅自离开开标现场，造成无法核验法定代表人或其委托人、投标项目负责人身份的。

3）投标人 CA 证书无效或网上投标文件未能解密和导入的。

1.4.2 工程评标

开标结束后，即进入评标阶段。工程评标是指评标委员会按照规定和要求，对投标文件进行审查、评审和比较，对符合工程招标文件要求的投标人进行排序，并向招标人推荐中标候选人或直接推荐中标人的过程。

评标分为评标准备、组建评标委员会、制定评标方法、初步评审、详细评审、编写评标报告等过程。

1．评标准备

1）准备评标需用的资料，如招标文件及其澄清与修改文件、标底文件、开标记录等。

2）准备评标相关表格。

3）选择评标地点和评标场所。

4）布置评标现场，准备评标工作所需要的工具。

5）妥善保管开标后的投标文件并运到评标现场。

6）与评标安全、保密和服务等有关的工作。

2．组建评标委员会

（1）评标专家资格

根据《评标专家和评标专家库管理暂行办法》的规定，评标专家应符合如下条件：

1）从事相关专业领域工作满八年并具有高级职称或同等专业水平。

2）熟悉有关招标投标的法律法规。

3）能够认真、公正、诚实、廉洁地履行职责。

4）身体健康，能够承担评标工作。

5）法规规章规定的其他条件。

专家入选评标专家库，采取个人申请和单位推荐两种方式。采取单位推荐方式的，应事先征得被推荐人同意。组建评标专家库的省级人民政府、政府部门或者招标代理机构，应当对申请人或被推荐人进行评审，决定是否接受申请或者推荐，并向符合规定条件的申请人或推荐人颁发评标专家证书。

电子招投标中，所有专家登录系统后，电子投票选择本次评标活动的评标组长，得票数最多的评委，将被系统任命为组长。

（2）评标专家的权利

1）接受专家库组建机构的邀请，成为专家库成员。

2）接受招标人依法选聘，担任招标项目评标委员会成员。

3）熟悉招标文件有关技术、经济、管理特征和需求，依法对投标文件进行客观评价，独立提出评审意见，抵制任何单位和个人的不正当干预。

4）获取相应的评标劳务报酬。

5）国家规定的其他权利。

（3）评标专家的义务

1）接受建立专家库机构的资格审查和培训、考核，如实申报个人有关信息资料。

2）遇到不得担任招标项目评标委员会成员的情况，应当主动回避。

3）为招标人负责，维护招标、投标双方合法利益，认真、客观、公正地对投标文件进行分析、评审、比较。

4）遵守评标工作程序和纪律规定，不得私自接触投标人，不得收受投标人或者其他利害关系人的财物，不得透露投标文件评审的有关情况。

5）自觉依法监督、抵制、反映和核查招标、投标、代理、评标活动中的违法、违规和不正当行为，接受和配合有关行政监督部门的监督、检查。

6）国家规定的其他义务。

（4）评标原则与工作要求

评标活动应当遵循公平、公正、科学、择优的原则。评标委员会应当按评标原则履行职责，对所提出的评审意见承担个人责任，评标工作应符合以下基本要求：

1）认真阅读招标文件，准确把握招标项目特点和招标人需求。

2）全面审查、分析投标文件，投标文件是指进入了开标程序的所有投标文件，以及投标人依据评标委员会的要求对投标文件的澄清和说明。

3）评标委员会应当按照招标文件确定的评标标准和方法，对投标文件进行评审和比较，并对评标结果确认签字。招标文件中没有规定的标准和方法，评标时不得采用。

4）按法律规定推荐中标候选人或依据招标人授权直接确定中标人，完成评标报告。

（5）评标纪律

1）评标活动由评标委员会依法进行，任何单位和个人不得非法干预，无关人员不得参加评标会议。

2）评标委员会成员不得与任何投标人或者与招标有利害关系的人私下接触，不得收受投标人、中介人以及其他利害关系人的财物或其他好处。

3）在评标活动中，评标委员会成员不得擅离职守，影响评标程序的正常进行。

4）与评标活动有关的工作人员不得收受他人的财物或者其他好处，并不得擅离职守，影响评标程序的正常进行。

5）招标人或其委托的招标代理机构应当采取有效措施保证评标活动严格保密，有关评标活动参与人员应当严格遵守保密规定，不得泄露与评标有关的任何情况。其保密内容涉及评标地点和场所、评标委员会成员名单、投标文件评审比较情况、中标候选人的推荐情况、与评标有关的其他情况等。

为此，招标人应采取有效措施，必要时，可以集中管理和使用与外界联系的通信工具等，同时禁止任何人员私自携带与评标活动有关的资料离开评标现场。

3. 制定评标方法

我国《房屋建筑和市政基础设施工程施工招标投标管理办法》第四十条规定，评标可以采用综合评估法、经评审的最低投标价法或者法律法规允许的其他评标方法。

采用综合评估法的，应当对投标文件提出的工程质量、施工工期、投标价格、施工组织设计或者施工方案、投标人及项目经理业绩等，能否最大限度地满足招标文件中规定的各项要求和评价标准进行评审和比较。以评分方式进行评估的，对于各种评比奖项不得额外计分。

采用经评审的最低投标价法的，应当在投标文件能够满足招标文件实质性要求的投标人中，评审出投标价格最低的投标人，但投标价格低于其企业成本的除外。

除了以上两种主要的评标方法外，各地区对评标方法的规定会略有差异，以江苏省为例。根据《江苏省房屋建筑和市政基础设施工程施工招标评标办法》规定，评标办法包括：综合评估法、经评审的最低投标价法、合理低价法、合理价随机确定中标人法、双信封评标法和法律、法规允许的其他办法。其中，综合评估法仅适用于技术复杂工程、特大型工程。合理价随机确定中标人法一般适用于中、小型工程。

（1）综合评估法

综合评估法是对价格、施工组织设计（或施工方案）、项目经理的资历和业绩、质量、工期、信誉等各方面因素进行综合评价，从而确定中标人的评标定标方法。它是适用最广泛的评标定标方法。

评标委员会对满足招标文件实质性要求的投标文件，按照规定的评分标准进行打分，并按得分由高到低的顺序推荐中标候选人，或根据招标人授权直接确定中标人，但投标报价低于投标人个别成本的除外。综合评分相等时，投标报价低的优先；投标报价也相等的，由招标人自行确定。

定量综合评估法的主要特点是要量化各评审因素。从理论上讲，评标因素指标的设置和评分标准分值的分配，应充分体现企业的整体素质和综合实力，准确反映公开、公平、公正的竞标法则，使质量好、信誉高、价格合理、技术强、方案优的企业能中标。

（2）经评审的最低投标价法

经评审的最低投标价法是指评标委员会根据招标文件中规定的评标价格调整方法，对满足招标文件实质要求的投标文件的投标报价和商务部分作必要的价格调整，最后根据经评审的投标价由低到高推荐中标候选人的方法。

通俗来说，就是企业投标时的报价为投标价，当投标价经过评审后就成了评标价，因此，经评审的最低投标价中标，对应的评标方式实际上就是最为常见的经评审的最低投标价法。在这种方法中，评标委员会根据投标文件，对投标人的初始投标价进行价格调整，调整后形成评标价，并由评标价从低到高确定中标候选人。

该评标方法中的评标价是这样形成的，将施工组织设计、投标人资信和工程经理资信等价格以外的因素，按照一定估算比例折合成价格，将折算价计入投标人的投标报价中，累加其他报价部分经评审的投标报价，从而形成评标价。

使用经评审的最低投标价法产生的中标人并不是简单的最低价中标，而是有效投标人报价的最低价中标。该方法并不保证投标报价最低的投标人中标。

（3）合理低价法

合理低价法又称合理最低价中标法，是指项目业主通过招标选择承包人，在所有投标人中合理最低报价者，即成为工程的中标人。这里的合理最低报价是指应当能够满足招标文件的实质性要求，并且经评审的投标价格最低，但投标价格低于企业自身成本的除外，评标价最低的投标价不一定是投标报价最低的投标价。评标价是一个以货币形式表现的衡量投标竞争力的定量指标，它除了考虑价格因素外，还综合考虑施工组织设计、质量、工期、承包人的以往施工经验及施工新技术的采用等因素。

实际招投标工作中有两种做法都被称为合理低价法：

第一种是指在投标人满足招标文件实质性要求的前提下，选择经评审后评标价最低者中标，也就是上面介绍的评标方法（2），这实际上等同于经评审的最低投标价法。

第二种是指在投标人满足投标文件要求的前提下，专家结合招标人的标底，对投标报价与基准价进行对照评审，择优选择其中合理的低价。在这种方式下，中标候选人不一定是投标报价或评标价最低的投标人。

这两种方式的主要区别在于评标价格合理性的判定。前者强调根据招标文件规定进行价格调整；后者强调要参考标底和评标基准价。

评标基准价通常由各投标人的平均报价（或上下浮动一定的百分比）确定，这种方式容易造成围标串标、暗箱操作等乱象，但它在招投标市场发挥的积极作用和对中标合理性的探索依然值得肯定。

合理低价法适用于具有通用技术、性能标准或者招标人对其技术、性能没有特殊要求的招标项目。

合理最低价的计算方法：合理最低价＝$A \times K$。

1）A 值的确定。

对符合投标文件工程量清单中的分部分项工程项目清单综合单价子目（指单价）、单价措施项目清单综合单价子目（指单价）、总价措施项目清单费用（指总费用）、其他项目清单费用（指总费用）等所有报价由低到高依次排序。

当投标文件 ≥ 7 家时，先剔除各报价中最高的 20% 项（四舍五入取整，投标报价相同的均保留）和最低的 20% 项（四舍五入取整，投标报价相同的均保留），再进行算术平均；当符合的投标文件有 4 ～ 6 家时，剔除各个报价中最高值（最高值相同的均剔除）后进行算术平均；当符合的投标文件 < 4 家时，取各报价中的次低值。将上述计算结果按计价规范，分别计算生成分部分项工程费、措施项目费和其他项目费，再按招标清单所列费率计算规费、税金，得出总价 A。

2）K 值的确定。

K 值在开标时由投标人推选的代表随机抽取确定，K 值的取值范围为 95% ～ 98%。

涉及评标的计算数据取值范围及最终取值，在招标文件中都会有具体明确的说明。

（4）合理价随机确定中标人法

合理价随机确定中标人法又称合理定价随机抽取法，是指招标人或招标代理机构，将包括工程合理价为主要内容的招标文件发售给潜在投标人，潜在投标人响应并参加投标，评标委员会对投标文件进行合格性评审后，招标人采用随机抽取方式确定中标候选人排名顺序的评标定标方法。

在该评标方法中，招标人编制并发售招标文件，投标人只需要按照招标文件要求提供资格审查文件和投标承诺书等文件，并缴纳投标保证金，投标人无须编制投标报价文件和施工组织设计。其中，投标人递交投标文件的顺序将作为投标人抽取评审次序号的顺序。

（5）双信封评标法

双信封评标法属于法律法规允许的其他评标方法之一，是指投标人将投标报价和工程量清单单独密封在一个报价信封中，其他商务和技术文件密封在另外一个信封中，分两次开标的评标方法。

双信封评标在开标前，两个信封同时提交给招标人。评标程序如下：

1）第一次开标时，招标人首先打开商务和技术文件信封，报价信封交监督机关或公证机关密封保存。

2）评标委员会对商务和技术文件进行初步评审和详细评审。

①若采用合理低价法，评标委员会应确定通过和未通过商务和技术评审的投标人名单。

②若采用综合评估法，评标委员会应确定通过和未通过商务和技术评审的投标人名单，并对这些投标文件的技术部分进行打分。

3）招标人向所有投标人发出通知，通知中写明第二次开标的时间和地点。招标人将在开标会上首先宣布通过商务和技术评审的名单并宣读其报价信封。对于未通过商务和技术评审的投标人，其报价信封将不予开封，当场退还给投标人。

4）第二次开标后，评标委员会按照招标文件规定的评标办法进行评标，推荐中标候选人。

双信封评标法适用于规模较大、技术比较复杂或特别复杂的工程。

4. 初步评审

初步评审是评标委员会按照招标文件确定的评标标准和方法，对投标文件进行形式、资格、响应性评审，以判断投标文件是否存在重大偏离或保留，是否实质上响应了招标文件要求。经评审认定投标文件没有重大偏离、实质上响应招标文件要求的，才能进入详细评审。

如果投标文件实质上不响应招标文件的要求，将作为无效标处理，不得进行下一阶段的评审。投标文件进行初步评审有一项不符合评审标准的，应否决其投标。

初步评审的内容主要包括形式评审、资格评审和响应性评审。采用经评审的最低投标价法时，还应对施工组织设计和项目管理机构的合格响应性进行初步评审。

（1）形式评审

1）投标文件格式、内容组成（如投标函、法定代表人身份证明、授权委托书等）是否按照招标文件规定的格式和内容填写，字迹是否清晰。

2）投标文件提交的各种证件或证明材料是否齐全、有效和一致，包括营业执照、资质证书、相关许可证、相关人员证书、各种业绩证明材料等。

3）投标人的名称、经营范围等与投标文件中的营业执照、资质证书、相关许可证是否一致、有效。

4）投标文件法定代表人身份证明或法定代表人的代理人是否有效，投标文件的签字盖章是否符合招标文件规定。如有授权委托书，授权委托书的内容和形式是否符合招标文件规定。

5）如有联合体投标，应审查联合体投标文件的内容是否符合招标文件的规定，包括联合体协议书、牵头人、联合体成员数量等。

6）投标报价是否唯一。一份投标文件只能有一个投标报价，在招标文件没有规定的情况下，不得提交选择性报价，如果提交了调价函，则应审查调价函是否符合招标文件规定。

（2）资格评审

资格评审的内容一般包括营业执照、安全生产许可证、资质等级、财务状况、类似项目业绩、信誉、项目经理、其他要求、联合体投标人等。资格评审包括两种情况：

1）**资格后审**。评审标准必须与投标人须知前附表中对投标人资质、财务、业绩、信誉、项目经理的要求以及其他要求一致，并应在评标办法中体现出来。

2）**资格预审**。评审标准必须与资格预审文件、资格审查办法、详细审查标准保持一致，提交资格预审申请文件至投标截止时间前发生可能影响其资格条件或履约能力的，应按照招标文件中的投标人须知规定提交更新或补充资料，对其进行更新或补充。

（3）响应性评审

1）投标内容范围是否符合招标范围和内容，有无实质性偏差。

2）项目完成工期。投标文件载明的完成项目的时间是否符合招标文件规定，汇总报价应提供响应时间要求的进度计划安排图表等。

3）项目质量要求。投标文件是否符合招标文件提出的工程质量目标、标准要求。

4）投标有效期。投标文件是否承诺招标文件规定的有效期。

5）投标保证金。投标人是否按照招标文件规定的时间、方式、金额及有效期递交保证金或银行保函。

6）投标报价。按照招标文件规定的内容范围及工程量清单是否存在算术性错误，并需要按规定进行修正。招标文件设有招标控制价的，投标报价不能超过招标控制价，是否可以等于招标控制价应根据具体招标文件的规定。

7）合同权利和义务。投标文件中是否完全接受并遵守招标文件合同条件约定的权利、义务，是否对招标文件合同条款有重大保留、偏离和不响应。

8）技术标准和要求。投标文件的技术标准是否响应招标文件要求。

（4）重大偏差与细微偏差

投标文件对招标文件实质性要求和条件响应的偏差分为重大偏差和细微偏差，评标委员会应当根据招标文件邀请，审查并逐项列出投标文件的全部投标偏差。

1）**重大偏差**。

①没有按照招标文件要求提供投标担保或者所提供的投标担保有瑕疵。

②没有按照招标文件要求由投标人授权代表签字并加盖公章。

③投标文件记载的投标项目完成期限超过招标文件规定的完成期限。

④明显不符合技术规格、技术标准的要求。

⑤投标文件记载的货物包装方式、检验标准和方法等不符合招标文件的要求。

⑥投标文件附有招标人不能接受的条件。

⑦不符合招标文件中规定的其他实质性要求。

投标文件有上述情形之一的，应视为非实质性响应标，并按废标处理。招标文件对重大偏差另有规定的，从其规定。

2）细微偏差。

细微偏差是指投标文件基本符合招标文件要求，但在个别地方存在漏项或者提供了不完整的技术信息和数据等情况，并且补正这些遗漏或者不完整的技术信息和数据不会对其他投标人造成不公平的结果。

①细微偏差的处理。对招标文件的响应存在细微偏差的投标文件仍属于有效投标，评标委员会应书面要求存在细微偏差的投标人在评标结束前予以补正。澄清、说明或者补正应以书面形式进行并不得超出投标文件的范围或者改变投标文件的实质性内容。

②报价错误的修正。评标委员会应当要求存在细微偏差的投标人在评标结束前予以补正。拒不补正的，在详细评审时可以对细微偏差做不利于该投标人的量化，量化标准应当在招标文件中规定。修正原则如下：

a.投标文件中的大写金额和小写金额不一致的，以大写金额为准。

b.总价金额与单价金额不一致的，以单价金额为准，但单价金额小数点有明显错误的除外。

c.正本与副本不一致的，以正本为准。

目前，投标报价算术性修正的原则并没有形成统一的规定。实践中的一般做法是在投标总报价不变的前提下修正投标报价单价和费用构成。

（5）初步评审阶段内容差异

综合评估法与经评审的最低投标价法的初步评审标准在参考因素与评审标准等方面基本相同，只是综合评估法初步评审标准包含形式评审标准、资格评审标准和响应性评审标准三部分。两者之间的差异主要在于综合评估法需要在评审的基础上按照一定的标准进行分值或货币量化。

1）施工组织设计和项目管理机构评审（经评审的最低投标价法）。

采用经评审的最低投标价法时，应看投标文件的施工组织设计和项目管理机构的各要素是否符合招标文件要求。

施工组织设计和项目管理机构评审的因素一般包括施工方案与技术措施、质量管理体系与措施、安全管理体系与措施、环境保护管理体系与措施、工程进度计划与措施、资源配备计划、技术负责人、其他主要成员、施工设备、试验和检测仪器设备等。

针对不同项目特点，招标人可以对施工组织设计和项目管理机构的评审因素及其标准进行补充、修改和细化。比如，施工组织设计中可以增加对施工总平面图、施工总承包的管理协调能力等评审指标，项目管理机构中可以增加项目经理的管理能力、创优能力、创文明工地能力以及其他一些评审指标等。

2）分值或货币量化方法（综合评估法）。

①分值构成。评标委员会根据项目实际情况和需要，对施工组织设计、项目管理机构、投标报价及其他评分因素赋予一定的权重或分值及区间。比如，100分为满分，可以考虑施工组织设计分值为25分，项目管理机构为10分，投标报价为60分，其他评分因素为5分。

②评标基准价。评标基准价的计算方法应在评标办法中明确。招标人可依据招标项目的特点、行业管理规定给出评标基准价的计算方法。需要注意的是，招标人需要在评标办法中明确有效报价的含义，是否只有有效投标报价才能参与评标基准价的计算，以及不可竞争费用的处理。

③投标报价的偏差率。投标报价的偏差率的计算公式：偏差率＝100%×（投标人报价－评标基准价）/评标基准价

④评分标准。招标人应当明确施工组织设计、项目管理机构、投标报价和其他因素的评分项目、评分标准，以及各评分项目的权重。比如，某项目招标文件对施工方案与技术措施规定的评分标准为：施工方案及施工方法先进可行，技术措施针对工程质量、工期和施工安全生产有充分保障为11～12分；施工方案先进，方法可行，技术措施针对工程质量、工期和施工安全生产有保障为8～10分；施工方案及施工方法可行，技术措施针对工程质量、工期和施工安全生产基本有保障为6～7分；施工方案及施工方法基本可行，技术措施针对工程质量、工期和施工安全生产基本有保障为1～5分。

招标人还可以依据项目特点及行业、地方管理规定，增加一些标准招标文件中已经明确的施工组织设计、项目管理机构及投标报价外的其他评审因素及评分标准，作为补充内容。

5. 详细评审

详细评审的是经初步评审合格的投标文件，评标委员会应当根据招标文件确定的评标标准和方法，对其技术部分和商务部分做进一步评审、比较。

（1）经评审的最低投标价法的详细评审

经评审的最低投标价法的详细评审是折算评标价。评审过程中以该标书的报价为基

数，将预定的报价之外需要评定要素按预先规定的折算办法换算为货币价值，按照投标文件对招标人有利或不利的原则，在其报价上增加或减少一定金额，最终形成评审价格。评审价格最低的投标书为最优标书。

经评审的最低投标价法的特点如下：

1）进入量化比较阶段的投标文件必须是经过评标委员会审核的可以接受的标书，即施工组织、施工技术、拟投入的人员、施工机具、质量保证体系等方面合理，实施过程不会给招标人带来较大风险。

2）横向量化比较的要素比综合评估法的要素项少，简化了评比内容。

3）以价格作为量化的基本单位。

4）从建筑产品也是商品的角度出发，评审价格反映了购买建筑产品的价格功能比。

5）评审价格既不是投标价，也不是中标价，而是作为评审标书优劣的衡量价格，评审价格最低的投标书为最优。

6）定标签订合同时，仍以该投标人的报价作为中标的合同价。

（2）综合评估法的详细评审

综合评估法的详细评审是综合评分，是一个综合评价过程。详细评审内容通常包括投标报价、施工组织设计、项目管理机构、其他因素等。评标委员会可采用打分的方法或者其他方法（货币折算），衡量投标文件最大限度地满足招标文件中规定的各项评价标准的相应程度。

6. 编写评标报告

评标委员会完成评标后，应向招标人提出书面评标报告，并抄送有关行政监督部门。

评标报告应当如实记载以下内容：

1）基本情况和数据表。

2）评标委员会成员名单。

3）开标记录。

4）符合要求的投标一览表。

5）废标情况说明。

6）评标标准、评标方法或者评标因素一览表。

7）经评审的价格或者评分比较一览表。

8）经评审的投标人排序。

9）推荐的中标候选人名单及签订合同前要处理的事宜。

10）澄清、说明、补正事项纪要。

评标报告由评标委员会全体成员签字。评标委员会应对此做出书面说明并记录在案。

评标委员会推荐的中标候选人应当限定在 1～3 人，并标明排列顺序。对评标结果有不同意见的评标委员会成员应当以书面形式说明其不同意见和理由，评标报告应当注明该不同意见。评标委员会成员拒绝在评标报告上签字又不书面说明其不同意见和理由的，视为同意评标结果。

向招标人提交书面评标报告后，评标委员会即告解散。

|知识拓展|

废标、无效投标、流标

1. 废标

废标是指政府采购中出现如下情形时，招标采购单位做出的全部投标无效的处理。

1）有效投标人不足三家。

2）出现影响采购公正的违法违规行为。

3）投标人的报价均超过采购预算，采购人不能支付的。

4）因重大变故，采购任务取消的。

2. 无效投标

无效投标，即无效标，是指某一投标人的投标文件经评标委员会初审认定为无效，失去参加评审的资格，在该次投标活动中该投标人将丧失中标机会。

如下情形的投标文件构成无效投标。

1）未按规定格式填写的投标文件。

2）在一份投标文件中对同一招标项目报有多个报价的投标文件。

3）投标人名称与资格预审时不一致的投标文件。

4）只有法人代表或法人代表授权的代理人的签字，无单位盖章的投标文件。

3. 废标和无效投标的区别

"废标"出自《中华人民共和国政府采购法》，为该法体系所独有。而《招标投标法》中并没有"废标"这一说法。

废标的权利在于采购单位及政府监督单位。无效投标的权利在于评标委员会。

无效投标针对的是单一的投标主体，并不影响其他投标人和投标全过程，而废标则是针对所有投标人和投标全过程。

在建设工程招投标实际工作中，废标和无效投标并不与理论上的意义完全吻合。实际中，废标是指能够参与评标，但因存在问题而被淘汰的投标文件；无效投标则是指根本无法参与评标的投标文件。

4. 流标

流标是指政府采购或工程招投标中投标人不足三家，或所有投标都被否决（全部或部分投标文件为废标）。流标实际上是一种招标失败，在政府采购或工程招投标中，流标的现象时有发生。流标现象增加了采购成本，延长了采购周期，降低了采购效率。

5. 流标和废标的区别

废标是针对整个采购项目而言的，是一种招标失败，只能重新招标采购。流标也是针对整个项目而言的，是招投标活动中的流产。废标与流标相比，前者侧重于行为，后者侧重于状态。流标和废标在不足三家有效投标人这一点上的实质性结果是一样的，所以有时候它们表述的意思是一致的，实质性结果也一致，但有时候意思是不同的。

例如，某政府采购项目，经历了开评标过程，确定了中标成交供应商，但在中标结果公告后，财政部门收到投诉，经查该项目有一名投标人未实质性响应采购文件的要求，该标应判为无效投标，本来只有三家参加投标，如此一来，符合要求的只剩下两家，财政部门据此做出决定：对该项目做废标处理，依法重新进行招标。对于这种情形，通常不认为该项目流标了，因为这个项目本来是招标成功的，只是后来因为投诉，被财政部门作废了。

1.4.3　工程定标

1. 定标的含义

定标是指招标人最终确定中标人（或中标单位）。评标委员会完成评标后，应当向招标人提交书面评标报告，并推荐合格的中标候选人。招标人根据评标委员会的书面评标报告和推荐的中标候选人确定中标人，招标人也可以授权评标委员会直接确定中标人。

2. 定标的公示及要求

招标人应当自收到评标报告之日起3日内公示中标候选人，且公示期不得少于3日。

投标人或者其他利害关系人对依法必须进行招标的项目的评标结果有异议的，应当在中标候选人公示期间提出。招标人应当自收到异议之日起3日内做出答复；做出答复前，应当暂停招投标活动。

3. 定标后的要求及注意事项

（1）中标通知书

中标人确定后，招标人应当向中标人发出中标通知书。中标通知书对招标人和中标人具有法律效力，中标后招标人改变中标结果的，或者中标人放弃中标项目的，应当依法承担法律责任。

排名第一的中标候选人放弃中标、因不可抗力提出不能履行合同、不按照招标文件要求提交履约保证金，或者被查实存在影响中标结果的违法行为等情形，不符合中标条件的，招标人可以按照评标委员会提出的中标候选人名单排序依次确定其他中标候选人为中标人，也可以重新招标。

中标候选人的经营、财务状况发生较大变化或者存在违法行为，招标人认为可能影响其履约能力的，应当在发出中标通知书前由原评标委员会按照招标文件规定的标准和方法审查确认。

（2）黑白合同

招标人和中标人应当在中标通知书发出后的法定期限内，按照招标文件和中标人的投标文件订立书面合同（**白合同**）。合同的标的、价款、质量、履行期限等主要条款应当与招标文件和中标人的投标文件的内容一致。

招标人和中标人不得再行订立背离合同实质性内容的其他协议（**黑合同**），招标人、中标人双方都必须尊重公平合法竞争的结果，不得任意改变。

（3）履约保证金

招标文件要求中标人提交履约保证金的，中标人应当提交，这是采用法律形式促使中标人履行合同义务的一项特定的经济措施，也是保护招标人利益的一种保证措施。

1.5　公共资源交易平台

1.5.1　公共资源交易平台的概念

公共资源交易平台是指实施统一的制度和标准、具备开放共享的公共资源交易电子服务系统和规范透明的运行机制，为市场主体、社会公众、行政监督管理部门等提供公共资源交易综合服务的体系。其中，公共资源交易是指涉及公共利益、公众安全的具有公有性、公益性的资源交易活动。

1.5.2　公共资源交易平台的运行原则

公共资源交易平台应当立足公共服务职能定位，坚持电子化平台的发展方向，遵循应进必进、统一规范、公开透明、服务高效的运行服务原则。

1. 应进必进原则

推动各类公共资源交易纳入平台。依法必须招标的工程建设项目招投标、国有土地使用权和矿业权出让、国有产权交易、政府采购等应当纳入公共资源交易平台。对于应该或可以通过市场化方式配置的公共资源，建立交易目录清单，加快推进清单内公共资源平台交易全覆盖，做到平台之外无交易。

2. 统一规范原则

推动平台整合和互联共享。在政府主导下，进一步整合规范公共资源交易平台，不断完善分类统一的交易制度规则、技术标准和数据规范，促进平台互联互通和信息充分共享。

3. 公开透明原则

推动公共资源阳光交易。实行公共资源交易全过程信息公开，保证各类交易行为动态留痕、可追溯。大力推进部门协同监管、信用监管和智慧监管，充分发挥市场主体、行业组织、社会公众、新闻媒体的外部监督作用，确保监督到位。

4. 服务高效原则

推动平台利企便民。深化"放管服"改革，突出公共资源交易平台的公共服务职能定位，进一步精简办事流程，推动网上办理，降低制度性交易成本，推动公共资源交易从依托有形场所向以电子化平台为主转变。

为贯彻落实《国务院办公厅关于印发整合建立统一的公共资源交易平台工作方案的通知》（国办发〔2015〕63号），规范公共资源交易平台运行、服务和监督管理，国家发展和改革委员会等部门联合制定了《公共资源交易平台管理暂行办法》，自2016年8月1日起施行。

1.6 工程招投标的管理及发展趋势

1.6.1 工程招投标的管理

《招标投标法》将招标与投标的过程纳入法制管理的轨道，主要内容包括：招投标基本程序、招投标应遵循的基本规则、违反《招标投标法》规定应承担的法律责任等。

该法的基本宗旨是，招投标活动属于当事人在法律规定的范围内自主进行的市场行为，但必须受政府行政主管部门的监督和管理。

1. 依法核查必须采用的招标方式

《招标投标法》规定，任何单位和个人不得将依法必须进行招标的项目化整为零或者以其他任何方式规避招标。如果发生此类情况，有权责令改正，可以暂停项目执行或者暂停资金拨付，并对单位责任人或者其他直接责任人依法给予行政处分或纪律处分。

2. 对项目招标条件的监督

工程项目的建设应当按照建设管理程序进行。当工作项目满足招标条件时，招标单位应向有关行政主管部门提出申请，获得批准后才可以进行招标。为了保证工程项目的建设符合国家或地方总体发展规划，以及能使招标工作顺利进行，不同工程的招标均需要满足相应的条件。如，前期准备应满足的要求、对招标人的招标能力要求、招标代理机构的资质条件等。

3. 对招标有关文件的检查备案

招标人有权依据工程项目特点编写与招标有关的各类文件，但内容不得违反法律规范的相关规定。有关行政主管部门有权依法对招标文件进行核查，特别是对投标人资质条件进行核查。

4. 对招标文件的核查

1）核查招标文件的组成是否包括招标项目所有实质性要求和条件，以及拟签订合同的主要条款能否使投标人明确承包工作范围和责任，并能够合理预见风险，编制投标文件。

2）核查招标项目需要划分标段时，承包工作范围的合同界限是否合理。

3）核查招标文件是否有限制公平竞争的条件。

5. 对投标活动的监督

招投标行政主管部门有权派人参加开标、评标、定标的活动，监督招标人按照法定程序选择中标人。所派人员不作为评标委员会的成员，也不得以任何形式影响或干涉招标人依法选择中标人的活动。

6. 查处招投标活动中的违法行为

有关行政监督部门有权依法对招投标活动中的违法行为进行查处。视情节和对招标的影响程度承担责任，责任形式包括：

1）判定招标无效，责令改正后重新招标。

2）对单位负责人和直接责任人予以行政或纪律处分。

3）没收非法所得，并处以罚金。

4）构成犯罪的，依法追究刑事责任。

1.6.2   工程招投标的发展趋势

21世纪是经济全球化、信息化的时代，工程招投标全面信息化是必然的发展趋势。招投标全面信息化应当是参与各方通过计算机网络完成招投标的所有活动，即实行网上招投标。网上招投标是利用网络实现招投标，即招标、投标、开标、评标、中标、签约等程序都在网上进行。计算机与网络技术的不断发展，推动社会各行业的信息化步伐加快，但招投标信息化程度还相对较低。

电子招投标将是工程招投标工作发展的主导方向，其意义主要有以下四个方面。

1. 解决招投标领域突出问题

推行电子招投标为充分利用信息技术手段解决招投标领域突出问题创造了条件。例如，通过匿名下载招标文件，使招标人和投标人在投标截止前难以知晓潜在投标人的名称、数量，有助于防止围标、串标；通过网络终端直接登录电子招投标系统，不仅方便了投标人，还有助于防止通过投标报名排斥潜在投标人，增强招投标活动的竞争性。此外，由于电子招投标具有整合信息、提高透明度、如实记录交易过程等优势，有助于建立健全信用惩戒机制、防止暗箱操作、有效查处违法行为。

2. 建立信息共享机制

没有统一的交易规则和技术标准，各电子招投标数据格式不同，也没有标准的数据交互接口，使得电子招投标信息无法交互和共享，甚至形成新的技术壁垒，影响了统一开放、竞争有序的招投标大市场的形成。因此电子招投标应为招投标信息共享提供必要的制度和技术保障。

3. 转变行政监督方式

与传统纸质招标的现场监督、查阅纸质文件等方式相比，电子招投标的行政监督方式有了很大变化，其最大区别在于利用信息技术，可以实现网络化、无纸化的全面、实时和透明监督。

4. 降低招投标成本

普通招投标采用传统的会议、电话、传真等方式，而电子招投标利用高速且低廉的互联网，极大降低了通信及交通成本，提高了通信效率。过去常见的招标大会、开标大会可改在网络上举行或者改为其他形式，特别是电子招投标的无纸化，减少了大量的纸质投标文件，这都有利于降低成本，保护生态环境。

1.7　工程招投标实训软件

1.7.1　内容

以新点软件招投标实训系统为例，可模拟招标人（招标代理）角色、投标人角色进行全流程电子招投标操作。其中包含参与招投标活动主体的注册入库、招标代理公司招标方案的编制、投标人的响应性投标、中心人员及评委专家的开评标等内容。

实训流程完全模拟实际工程电子招投标过程进行（图1-7），按照流程内容，实训教学可以划分为八个基本单元，内容如下。

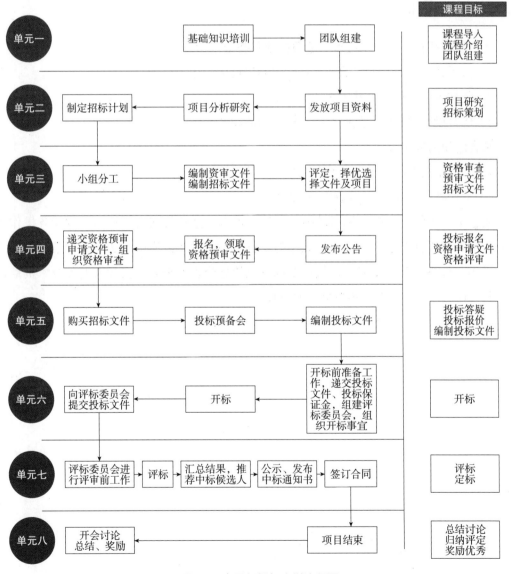

图1-7　电子招投标实训流程图

单元一：课程导入、流程介绍、团队组建。

单元二：项目研究、招标策划。

单元三：资格审查、预审文件、招标文件。

单元四：投标报名、资格申请文件、资格评审。

单元五：投标答疑、投标报价、编制投标文件。

单元六：开标。

单元七：评标、定标。

单元八：总结讨论、归纳评定、奖励优秀。

1.7.2　适用范围

新点软件招投标实训系统目前**适用的**项目类型包括：

1）房屋建筑与市政工程的施工总承包的招投标活动。

2）园林绿化工程的招投标活动。

3）建筑设计类、勘察监理类的招标采购活动。

适合的使用群体包括：

1）高等学校本科或专科工程类相关专业学生。

2）工程类相关专业工作岗前培训职工。

通过全流程的电子招投标活动模拟，让学习者熟悉招标代理、投标人的业务操作及流程，明晰招投标环节中各个角色工作的重点。并通过案例库中的实际工程案例模拟及系统操作，最终能独立完成招标代理招标书及招标公告的编制、投标人商务技术资信标的编制，让学习者掌握电子招投标的专业技能。

第 2 章

工程招标及模拟实训

2.1 工程招标阶段的流程

工程招标阶段主要包括招标准备阶段和招标阶段两大阶段。具体招标流程内容见表 2-1。

表2-1 工程招标阶段的流程

序号	主要流程	详细流程	内容
1	招标准备阶段	办理项目报建	
		确定招标人	自行招标 / 委托招标
		确定招标方式	公开招标 / 邀请招标
		办理招标备案手续	项目信息
			招标人信息
			项目审批（核准 / 备案）文件
			项目投资组成
			项目其他信息
			项目招标主体信息
			附件信息
2	招标阶段	招标文件编制	投标人须知
			合同条款
			评标办法设置
			技术标准和要求
			编制工程量清单
			投标文件组成设置
			招标文件的其他材料
		招标通知	发布招标公告 / 发布投标邀请书
		资格审查	资格预审 / 资格后审

2.2　工程招标阶段的工作内容

2.2.1　工程招标前的准备工作

1. 建设工程项目报建

建设工程项目的立项批准文件或年度投资计划下达后,按照《工程建设项目报建管理办法》规定,需向建设行政主管部门报建备案。

（1）报建程序

建设单位填写统一格式的"工程建设项目报建登记表",有上级主管部门的,需经其批准同意后,连同应交验的文件资料一并报建设行政主管部门。

（2）报建范围

建设工程项目的报建范围:各类房屋建设(包括新建、改建、扩建、翻建、大修等)、土木工程(包括道路、桥梁、房屋基础打桩)、设备安装、管道线路敷设、装饰装修等建设工程。

（3）报建内容

建设工程项目报建内容主要包括工程名称、建设地点、投资规模、资金来源、当年投资额、工程规模、结构类型、发包方式、计划竣工日期、工程筹建情况等。

（4）报建资料

办理工程报建时应交验的文件资料:立项批准文件或年度投资计划、固定资产投资许可证、建设工程规划许可证、资金证明。

2. 审查招标人招标资质

组织招标有两种情况:招标人自行组织招标或委托招标代理机构代理招标。

招标人进行招标前,一般需抽调人员组建专门的招标工作机构。招标工作机构的人员一般应包括工程技术人员、工程管理人员、工程法律人员、工程预结算编制人员及工程财务人员等。

对于招标人自行办理招标事宜的,必须满足一定的条件,并向其行政监督机关备案,行政监督机关对招标人是否具备自行招标的条件进行监督。对于委托招标代理机构招标的,应检查招标代理机构相应的代理资质。

3. 招标申请

（1）招标申请程序

首先,招标单位填写"建设工程施工招标申请表"。凡招标单位有上级主管部门的,需经该主管部门批准同意。招标单位主管部门同意后,将"建设工程施工招标申请表"

连同"工程建设项目报建登记表"，报招标管理机构审批。

（2）招标申请内容

招标申请主要包括以下内容：工程名称、建设地点、招标建设规模、结构类型、招标范围、招标方式、要求施工企业等级、施工前期准备情况（土地征用、拆迁情况、勘察设计情况、施工现场条件等）、招标机构组织情况等。

4. 编制资格预审文件及招标文件

公开招标采用资格预审时，只有资格预审合格的施工单位才可以参加投标。不采用资格预审的公开招标，应进行资格后审，即在开标后进行资格审查。采用资格预审的招标单位需参照标准范本编写资格预审文件和招标文件，而不进行资格预审的公开招标只需编写招标文件。资格预审文件和招标文件需报招标管理机构审查，审查同意后可刊登资格预审通告、招标通告。

2.2.2 工程招标阶段招标人的工作内容

1. 编制招标控制价

招标控制价是招标人根据国家或省级、行业建设行政主管部门颁发的有关计价依据和办法，以招标文件和招标工程量清单为依据，结合工程具体情况编制的招标工程的最高投标限价。招标控制价一般随招标文件同步发布。招标人确需对已发布的招标控制价进行修改的，将通过电子招投标平台发给所有投标人。

2. 发布资格预审通告、招标公告

招标公告应当载明招标人的名称和地址，招标项目的性质、数量、实施地点和时间以及获取招标文件的方法等事项。建设项目的公开招标应在建设工程交易中心发布信息，也可通过报纸报刊、广播、电视等新闻媒介或互联网发布资格预审通告或招标公告。

3. 投标人资格审查

招标人对投标人的资格审查包括两种形式：资格预审和资格后审。

资格预审是招标人通过发布资格预审公告，向不特定的潜在投标人发出投标邀请，由招标人或者由其依法组建的资格审查委员会按照资格预审文件确定的审查方法、资格条件以及审查标准，对资格预审申请人的经营资格、专业资质、财务状况、类似项目业绩、履约信誉等条件进行评审，以确定通过资格预审的申请人。未通过资格预审的申请人，不具有投标资格。

资格预审的方法包括合格制和有限数量制。一般情况下应采用合格制，潜在投标人过多的，可采用有限数量制。

采用资格预审方式的工程招标实际上分为两段。首先是投标资格的招标，投标人需要通过资格评审，才能取得工程投标的资格。其次是工程招标，只有取得工程投标资格的投标人才能报名工程投标、获取招标文件以及完成投标书的制作。

资格后审是在开标后由评标委员会对投标人进行的资格审查。采用资格后审时，招标人应当在开标后请评标委员会按照招标文件规定的标准和方法对投标人的资格进行审查。资格后审是评标工作的一项重要内容。对资格后审不合格的投标人，评标委员会应否决其投标。

资格预审和资格后审的区别如表2-2所示。

表2-2　资格预审和资格后审的区别

	资格预审	资格后审
审查时间	在发售招标文件之前	在开标之后的评标阶段
审查人	招标人或资格审查委员会	评标委员会
审查对象	申请人的资格预审申请文件	投标人的投标文件
审查方法	合格制或有限数量制	合格制
优点	避免不合格的申请人进入投标阶段，节约社会成本 提高投标人投标的针对性、积极性 减少评标阶段的工作量，缩短评标时间，提高评标的科学性、可比性	减少资格预审环节，缩短招标时间 投标人数量相对较多，竞争性更强 提高串标、围标难度
缺点	延长招投标的过程 增加招标人组织资格预审和申请人参加资格预审的费用 通过资格预审的申请人相对较少，容易串标	投标方案差异可能较大，增加评标工作难度 投标人过多，增加评标工作量和评标费用 增加社会综合成本
适用范围	技术难度较大 投标文件编制费用较高 潜在投标人数量较多	潜在投标人数量不多 招标项目具有通用性、标准化的特点

我国《招标投标法》规定，招标人可以根据招标项目本身的要求，在招标公告或者投标邀请书中，要求潜在投标人提供有关资质证明文件和业绩情况，并对潜在投标人进行资格审查；国家对投标人的资格条件有规定的，依照其规定。招标人不得以不合理的条件限制或者排斥潜在投标人，不得对潜在投标人实行歧视待遇。

4. 发售招标文件

招标文件、图纸和有关技术资料等通过电子招标投标交易平台进行公开发布和发售。如果采用的是资格预审方式，只有通过预审，取得投标资格的单位才可以报名投标。不进行资格预审的，发售给愿意参加投标的单位。投标单位直接在电子招标投标交易平台进行招标项目投标报名和招标文件等资料的购买，报名及购买成功的投标人将获得电子招标投标交易平台的 CA 锁。

（1）招标文件的澄清

投标人应自行阅读和检查招标文件的全部内容，投标人或其他利害关系人对招标文件有异议的，应当在规定的时间内通过电子招标投标交易平台提出异议，招标人应当自收到异议之日起 3 日内做出答复。做出答复前，应当暂停招投标活动。注意，如投标人不在规定期限内提出异议，招标人有权不予答复。

招标文件的澄清将在规定时间前，通过电子招标投标交易平台发给所有投标人，但招标人不指明澄清问题的来源，招标人不再另行通知。

澄清文件按规定发布之时起，视为投标人已收到该澄清文件。投标人未及时通过电子招标投标交易平台查阅招标文件的澄清，或未按照澄清后的招标文件编制投标文件，由此造成的后果由投标人自行承担。

（2）招标文件的修改

招标文件发布后，招标人确需对招标文件进行修改的，招标人将通过电子招标投标交易平台发给所有投标人。

修改文件自发布之日起，视为投标人已收到该修改文件。投标人未及时通过电子招标投标交易平台查阅招标文件的修改，或未按照修改后的招标文件编制投标文件，由此造成的后果由投标人自行承担。

5. 勘察现场

招标人不再统一组织勘察现场，一般由投标人依据招标文件中的内容自行安排是否进行现场勘察，以及现场勘察的时间和人员安排。传统方式中，招标人统一组织，投标人集体前往，会造成泄露投标竞争对手的情况，不利于招投标的公平、公正。

2.2.3　工程招标文件的编制内容

招标文件是招标人向投标人发出的旨在向其提供编写投标文件所需要的材料，并向其通报招投标依据的规则、标准、方法和程序等内容的书面文件。招标文件是招标工作建设的大纲，是建设单位实施工程建设的工作依据，是向投标单位提供参加投标所需要的一切信息。因此，招标文件的编制质量和深度关系着整个招标工作的成败。

招标文件的内容应根据招标方式和范围的不同而改变。工程项目全过程总招标，同勘察设计、设备材料供应和施工分别招标，其特点、性质都是截然不同的，应从实际需要出发，分别提出不同内容要求。

1. 工程招标文件的内容

根据《标准施工招标文件》的规定，招标文件包括招标公告（或投标邀请书）、投标人须知、评标办法、合同条款及格式、工程量清单、图纸、技术标准和要求、投标文件格式。

另外还有"投标人须知"前附表规定的其他材料，有关条款对招标文件所做的澄清、修改也构成招标文件的组成部分。还有供投标人了解分析与招标项目相关的参考信息，如项目地址、水文、地质、气象、交通等参考资料。

2. 投标人须知的内容

其中，"投标人须知"的主要内容包括：资金来源；如果没有进行资格预审的，要提出投标人的资格要求；货物原产地要求；招标文件和投标文件的澄清程序；投标文件的内容要求；投标语言（主要是国际性招标）；投标价格和货币规定；修改和撤销投标的规定；标书格式和投标保证金的要求；评标的标准和程序；国内优惠的规定；投标程序；投标有效期；投标截止日期；开标时间、地点等。

3. 招标控制价文件的内容

国有资金投资的工程建设项目应采用工程量清单招标，并应编制招标控制价。

（1）编制依据

①《建设工程工程量清单计价规范》（GB 50500—2013）。

②国家或省级、行业建设主管部门颁发的计价定额和计价办法。

③建设工程设计文件及相关资料。

④招标文件中的工程量清单及有关要求。

⑤与建设项目相关的标准、规范、技术资料。

⑥工程造价管理机构发布的工程造价信息。

⑦其他，如，施工现场情况、工程特点及常规施工方案等。

（2）注意事项

使用的计价标准、计价政策应是国家或省级、行业建设主管部门颁发的计价定额和相关政策规定。

采用的材料价格应是工程造价管理机构通过工程造价信息发布的材料单价，工程造价信息未发布的，其材料价格应通过市场调查确定。

国家或省级、行业建设主管部门对工程造价计价中费用或费用标准有规定的，应按规定执行。

（3）编制方法

1）**分部分项工程费**应根据招标文件中的分部分项工程量清单项目的特征描述及有关要求，按规定确定综合单价进行计算。综合单价应包括招标文件中要求投标人承担的风险费用。招标文件提供了暂估单价的材料，按暂估单价计入综合单价。

2）**措施项目费**应按招标文件中提供的措施项目清单确定，措施项目采用分部分项工程综合单价形式进行计价的工程量，应按措施项目清单中的工程量，并按规定确定综合单价。以"项"为单位的方式计价的，按规定确定除规费、税金以外的全部费用。措施项目费中的安全文明施工费应当按照国家或省级、行业建设主管部门的规定标准计价。

3）**其他项目费**

①**暂列金额**。暂列金额由招标人根据工程特点，按有关计价规定进行估算确定。为保证工程施工建设的顺利进行，在编制招标控制价时，应对施工过程中可能出现的各种不确定因素对工程造价的影响进行估算，列出一笔暂列金额。暂列金额可根据工程的复杂程度、设计深度、工程环境条件（包括地质、水文、气候条件等）进行估算，一般可按分部分项工程费的 10% ～ 15% 作为参考。

②**暂估价**。暂估价包括材料暂估价和专业工程暂估价。暂估价中的材料暂估价应按照工程造价管理机构发布的工程造价信息或参考市场价格确定；暂估价中的专业工程暂估价应分不同专业，按有关计价规定估算。

③**计日工**。计日工包括计日工人工、材料和施工机械。在编制招标控制价时，计日工中的人工单价和施工机械台班单价应按省级、行业建设主管部门或者其授权的工程造价管理机构公布的单价计算；材料应按工程造价管理机构发布的工程造价信息中的材料单价计算，对于工程造价管理机构未发布单价的材料，其价格应按市场调查确定的单价计算。

④**总承包服务费**。招标人应根据招标文件中列出的内容和向总承包人提出的要求，参照下列标准计算：

a. 招标人仅要求对分包的专业工程进行总承包管理和协调时，按分包的专业工程估算造价的 1.5% 计算；

b. 招标人要求对分包的专业工程进行总承包管理和协调，并同时要求提供配合服务时，根据招标文件列出的配合服务内容和提出的要求，按分包的专业工程估算造价的

3% ～ 5% 计算。

　　c. 招标人自行供应材料的，按招标人供应材料价值的 1% 计算。

　　d. 招标控制价的规费和税金必须按国家或省级、行业建设主管部门的规定计算。

（4）注意事项

　　招标人应在招标文件中如实公布招标控制价。招标人在招标文件中公布招标控制价时，应公布招标控制价各组成部分的详细内容，不得只公布招标控制价总价。

　　投标人经复核认为招标人公布的招标控制价未按照规定进行编制的，应在开标前 5 天向招投标监督机构和工程造价管理机构投诉。招投标监督机构应会同工程造价管理机构对投诉进行处理，发现确有错误的，应责成招标人修改。

　　招标控制价超过批准的概算时，招标人应将其报原概算审批部门审核。投标人的投标报价高于招标控制价的，其投标应予拒绝。

┊知识拓展┊

招标控制价与标底

1. 招标控制价

　　招标控制价即招标限价，是指招标人根据国家或省级、行业建设主管部门颁发的有关计价依据和办法，以及拟定的招标文件和招标工程量清单，结合工程具体情况编制的招标工程的最高投标限价。其特点如下：

　　1）招标控制价是随招标文件公开的，是招标文件的必备条款，必须编制。

　　2）招标控制价是投标报价的上限，即最大值。投标报价不得超过招标控制价，如果超出，则是无效投标。

　　3）招标控制价是评标的重要依据。

　　4）招标控制价依据定额编制，由于定额反映的是社会平均劳动生产力，所以算出来的价格会偏高，一般招标方会将由定额计算出来的价格下调一些，再作为招标控制价。

2. 标底

　　标底指内部掌握的招标人对拟发包的工程项目准备付出全部费用的额度。接受委托编制标底的中介机构不得参加受托编制标底项目的投标，也不得为该项目的投标人编制投标文件或提供咨询等相关服务。在我国，《建设工程工程量清单计价规范》（GB 50500—2013）以前标底的作用和清单计价以后标底的作用是完全不同的。

（1）2013 清单计价前标底的特点

　　①标底是招标工程的预期价格，必须编制。

②标底不是合同条款。

③标底必须保密。

④标底数量只能是一个。

⑤标底是评标的重要依据。

（2）2013清单计价后标底的特点

①标底是招标人做的项目工程造价，可编可不编。

②标底不是合同必备条款。

③标底可以保密，也可以公开。

④标底是招标控制价定价的依据。

4．招标文件示范文本

每个地区的建设工程招标投标办公室都会出台不同建筑类型和不同资格审核方式（资格预审 / 资格后审）的招标文件范本，一般以省为单位。如，2017 年江苏省建设工程招标投标办公室编制了《江苏省房屋建筑和市政基础设施工程施工招标文件示范文本（2017 年版 适用于资格预审）》和《江苏省房屋建筑和市政基础设施工程施工招标文件示范文本（2017 年版 适用于资格后审）》。其中明确说明了适用范围，适用于江苏省房屋建筑和市政基础设施工程，已通过资格预审（资格后审）方式对潜在投标人进行资格审查的施工招标项目。

由于招标文件所包含的专业信息和要求非常多，所以招标文件范本的制定非常详细。这有助于招标人规范招标文件的内容，避免因考虑不周而产生文件漏洞，进而避免后期招投标活动中的纠纷，也有助于投标人进行招标文件关键信息的识别，同时有助于提高招标人和投标人编制招投标文件的效率。招标文件范本的制定，不仅规范了招投标活动的文本资料，也提供了最为专业的编制参考依据，更是为招投标双方搭建了专业的信息平台。

2.3　工程项目招标代理业务模拟实训

招标代理业务实训的主要内容包括：

1）招标代理企业注册入库。

2）招标公告发布及招标文件编制。

3）招标清单编制。

4）评标办法编制。

招标代理业务实训的目的是让学生了解招标代理（发标人）所需要做的工作，模拟招标代理工作人员的业务流程。在此实训开始之前,需要先让学生了解招标代理在整个招投标环节中扮演的角色及主要工作,以及涉及的一些法律法规、资质说明等。

模拟实训团队配置建议及准备工作:

1)指导老师一名。

2)一个班级的所有学生都参与实训,每个学生分别注册一个招标代理企业,企业名称可以为 ×××(学生姓名)的公司,注册时,其他信息可以参考"实训用参考信息"中的相关信息资料。

2.3.1 招标代理企业注册入库

企业注册入库是进行项目招标前的重要准备工作。其目的是确保招标代理企业能够在公平公正、合法合规的行业监管下开展招标代理业务。需要提交企业相应的资质证明材料以及相关信息,并经过相关主管部门的审核。审核完成后,该企业才能够取得招标代理业务的资格。

在实训过程中,学生模拟招标代理企业,实训教师模拟审核的主管部门。学生通过将自己模拟的企业信息注册并录入招投标实训系统中,就完成了招标代理企业入库。只有完成了招标代理企业入库,才能够取得招标代理资格,从而进入下一个实践操作环节。

1. 招标代理企业的注册

打开新点高校招投标实训系统,先选择对应的省份(图 2-1),网址如下:
http://119.3.248.198/TPBidder/huiyuaninfomis2/pages/oauthlogin/oauthindex。

图2-1　新点高校招投标实训系统登录界面

选择对应的高校(图 2-2)。

图2-2　在登录界面选择对应省份的高校

在实训系统登录界面中，单击"**免费注册**"按钮（图 2-3），并选择"**我已阅读并同意该协议**"（图 2-4）。

图2-3　注册界面入口

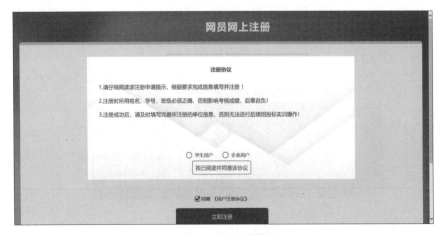

图2-4　注册信息界面

　　填写相应的注册信息（图 2-5）。输入相应的"**登录名**"并设置密码。"**登录名**"下面有相应的提示"**请用单位全称中文名进行注册**"。如，输入"山东工程管理有限公司"，旁边会提示绿色字体"**该登录名未被注册，可以注册**"，但如果输入的登录名被用过，旁边会提示红色字体，则需要重新更换登录名。

　　输入"**单位名称**"。此处"**单位名称**"可以直接复制前面设置的"**登录名**"。

　　输入"**编号**""**姓名**""**联系电话**"。此处按照实训学校学生的编号、真实姓名和手机号码输入即可。

　　输入"**验证码**"。

　　以上步骤操作完成，注册成功。

图2-5　注册信息填写内容

　　完善诚信库资料。登录后进入系统，会出现"投标人"和"招标代理"两个选择。由于我们目前注册的是招标代理企业，所以选择"**招标代理**"（图 2-6）。

图2-6　招标代理企业注册界面

选择后系统提示"**您单位诚信库基本信息未审核通过，请单击确定按钮进入系统，完善诚信库信息并且提交审核通过再进行业务操作！**"。此时由于我们是初次注册，还需要完成诚信库信息，所以单击"**确定**"按钮（图2-7）。

图2-7　系统提示

此时，已进入与刚刚注册的招标代理企业名称以及真实姓名相一致的基本信息完善界面，页面左上角会出现注册的招标企业名称，页面正上方会出现"×××（**注册的真实姓名**），**欢迎您！**"

2. 招标代理信息的完善

招标代理信息管理的内容如图2-8所示，包括：

"**基本信息**""**业务类型**""**经营资质**""**职业人员**""**人员职业资格**""**招标业绩**""**企业获奖**""**奖惩记录**""**主体奖惩记录**""**人员奖惩记录**""**信息披露**""**信用评价**""**企业财务**""**投标用材料**""**未验证的修改**""**修改密码**""**变更历史**""**手机账号管理**"。

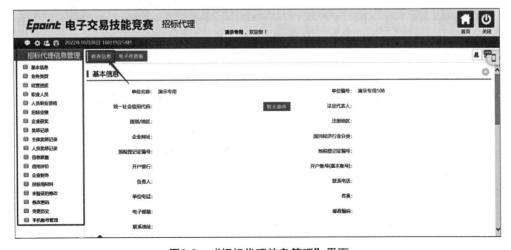

图2-8　"招标代理信息管理"界面

所有招标代理信息管理中的信息资料都需要利用新点软件提供的"**实训用参考信息**"资料包中的资料进行修改填写。所以打开"**实训用参考信息**"文档，进行如下操作。

（1）基本信息

选择左侧列表中的"**基本信息**"

①"**基本情况**"填写（图 2-9）。

填写"**统一社会信用代码**"，从"**实训用参考信息**"文档中找到"**统一社会信用代码**"，进行复制、粘贴，或直接随机编写 17 位数字 +1 个英文字母（大写）。默认的统一社会信用代码为 9142010607772 4789F。

填写"**法定代表人**"，如实填写即可，与前面注册的学生真实姓名一致。

在"**国民经济行业分类**"下拉列表框中选择"**建筑业**"→"**房屋建筑业**"。

填写"**开户银行**"，从"**实训用参考信息**"文档中找到相关信息"×××**市工商银行**"，前面市名可以随机填写，"**开户账号**""**负责人**""**联系电话**"根据"**实训用参考信息**"中提供的信息，随机更改部分信息填写即可。

图2-9　招标代理企业注册基本情况填写

②"**营业执照**"填写。

填写"**营业执照号码**"，此号码和"**基本情况**"中的"**统一社会信用代码**"一致即可，可直接从上面复制、粘贴，如图 2-10 所示。

一般在"**单位性质**"下拉列表框中选择"**内资**"→"**股份合作**"。

填写"**注册资本**"，由于 2021 年已取消招标代理资格，所以这里的注册资本不做要求，随意填写一个数字即可，如 1000 万等。

一般在"**注册资本币种**"下拉列表框中选择"**人民币**"。

填写"**营业期限**"，起始时间按照目前实训的时间往前推 5 ～ 10 年即可。

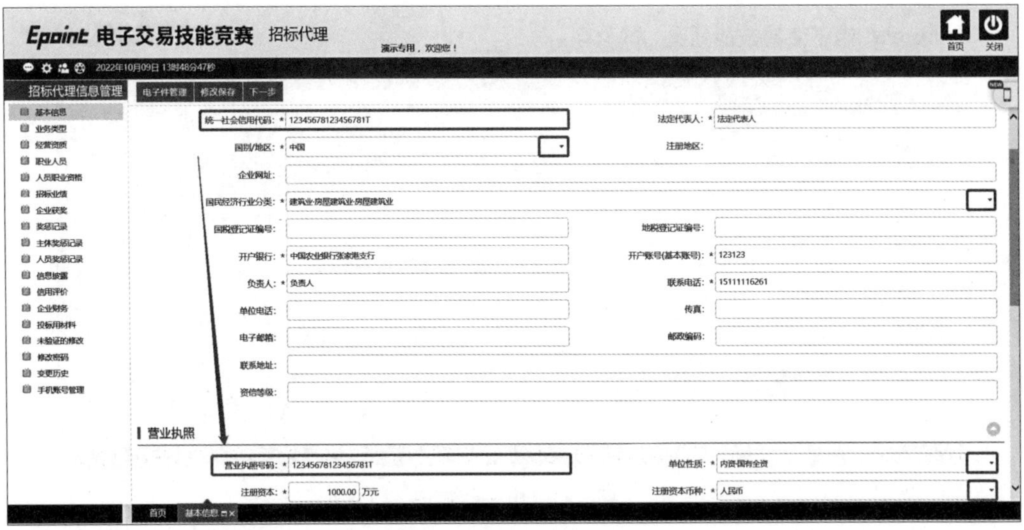

图2-10　营业执照号码填写

③ "**资质证书情况**" 填写。

填写 "**证书编号**"，这里是招标代理公司的资质等级证书，从 "**实训用参考信息**" 文档中找到 "**资质证书编号（甲级代理）**" 后面的编号，复制、粘贴，并随机修改几位数字即可。

④ "**单位简介**" 填写。

这里需要填写一段话，描述之前注册的招标代理公司的情况，可以编写几句关于公司的简介，建议设置一些具有代表性的数值，便于后期辨识。此部分非必填项。

"**基本信息**" 填写完后，进入电子件管理页面（图2-11），电子件管理的操作实质上是一系列资质证书原件的上传核验，也是针对前面 "**基本信息**" 中所填写的内容，上传相关实证材料。单击左上角的 "**电子件管理**" 按钮，出现电子件列表（图2-12），包括以下内容："**企业资质等级证书（工程建设招标代理类）**""**地方税务登记证**""**国家税务登记证**""**法人营业执照**""**组织机构代码证**""**法人授权委托书**""**诚信承诺书**"。其中只有 "**组织机构代码证**" 和 "**诚信承诺书**" 是必填项目，但作为企业单位，建议所有项目全部完整上传。

选择每项内容后面的 "**电子件管理**" 选项，单击右上角 "**上传**" 按钮，选择 "**诚信库参考电子件（代理）**" 文档中的 "**基本信息**"。找到对应的资质证书扫描件，单击 "**打开文件**" 按钮，系统会自动上传选中的资质证书扫描件。上传结束后，会显示状态为 "**待验证**"（图2-13），单击右上角 "**保存**" 按钮或者直接关闭该页面。依照这样的方法，逐个完成电子件列表中的 7 项电子件证书的上传。

所有电子件证书上传完成后，会在文件名后显示红色 "**待验证**" 字样，这时，需要教师进行审核验证。

图2-11 电子件管理

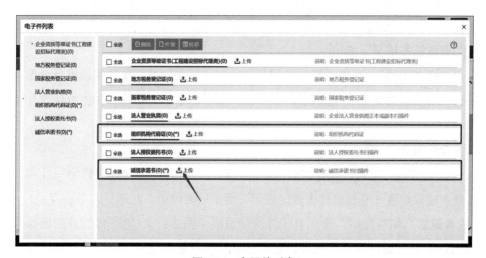

图2-12 电子件列表

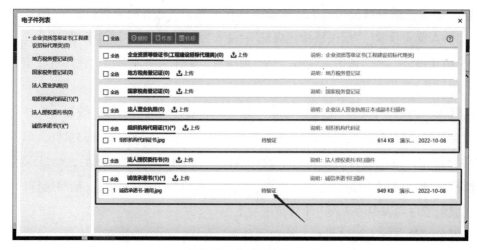

图2-13 电子件上传

在实际电子招投标中,电子件的审核,即招标代理单位诚信库资料验证,是由当地的公共资源管理中心信息科的管理人员进行审核验证的,申报单位还需要带好所有诚信库资料去现场进行审核。

上传的电子件如果有错,无法直接删除,只能选择作废处理。

提交基本信息(图2-14)。单击"**修改保存**"按钮,会出现提示"**保存成功,请不要忘记提交审核**"的字样,单击"**确定**"按钮进行提交,提交有以下两种方式。

图2-14 基本信息保存

提交方式一:每一步完成后,都及时单击上方的"**下一步**"(图2-15)→"**提交**"(图2-16)→"**确认提交**"(图2-17)按钮。

图2-15 基本信息提交第一步

图2-16　基本信息提交第二步

图2-17　基本信息提交第三步

图2-18　基本信息验证通过

提交方式二：全部填写完成后，单击左侧列表最下面的"**一键提交**"按钮。提交后，教师将会看到，并可以进行审核操作（图2-18）。

（2）**业务类型**

选择左侧列表"**业务类型**"（图2-19）。此项是对注册的招标代理企业所从事的业务类型进行的说明，可以添加其他业务类型，如，采购代理。但如果该企业仅从事招标代理的业务，那么这一项无须修改，如果此账号还需要用于扮演投标企业进行投标业务，则必须添加其他业务类型。

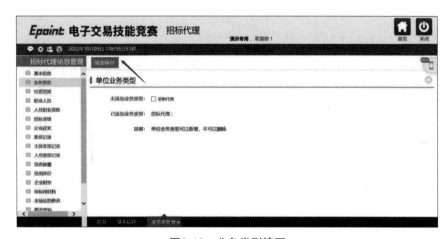

图2-19　业务类型填写

单击"**添加保存**"保存即可。

（3）**经营资质**

选择左侧列表"**经营资质**"。很多招标代理企业，除了有招标代理资质外，还有造价咨询等经营资质。此部分设置就是给招标代理企业提供一个说明的平台。

单击左上方"**新增经营资质**"按钮（图2-20）。

图2-20　新增经营资质

①"资质信息"填写（图2-21）。

填写"**资质证书编号**""**资质等级**""**可承担业务**"。其中"**资质证书编号**"和"**资质等级**"是必填项，"**可承担业务**"是非必填项。

"**资质证书编号**"是招标代理公司的资质等级证书，从"**实训用参考信息**"文档中找到"**资质证书编号（甲级代理）**"后面的编号，通过复制、粘贴，命令并随机修改几位数字即可。

在"**资质等级**"下拉列表框中选择对应的内容即可，如，"**工程咨询**"→"**工程咨询甲级**"。

"**可承担业务**"需要手动输入企业所从事的相关业务内容。

图2-21　资质信息填写

②"**电子件管理**"填写。

所有信息填写完成后，系统会自动匹配产生电子件列表，这些电子件列表是根据所填写的企业资质情况进行匹配生成的。如，在"**资质等级**"下拉列表中选择"**工程咨询**"，系统会自动匹配需要上传的电子件，包括"**安全生产许可证**"和"**企业资质等级证书（工程类）**"。

请按照系统提示，上传相关电子件原件。选择"**诚信库参考电子件（代理）**"文档中的"**基本信息**"，找到对应的资质证书扫描件，单击"**打开文件**"按钮，系统会自动上传选中的资质证书扫描件。

（4）**职业人员**

该功能是对招标代理公司的企业相关职业人员（如，项目经理、安全员等）进行信息录入的过程。单击"**新增职业人员**"按钮（图2-22），对人员进行添加。

图2-22 新增职业人员

录入"**基本信息**"。打开"**实训用参考信息**"文档，第二部分就是"**人员信息**"，通过复制、粘贴命令，并随机修改几位数字即可。"**所在行政区域**"要按照注册时的学校所在地填写。

录入"**职务证书信息**"。仍然按照"**实训用参考信息**"文档中第二部分的"**人员信息**"进行填写，通过复制、粘贴命令并随机修改部分数字。人员的毕业时间、出生日期以及学历，要符合正常的逻辑关系。填写完成后，单击"**下一步**"按钮（图2-23）进入电子件上传环节。

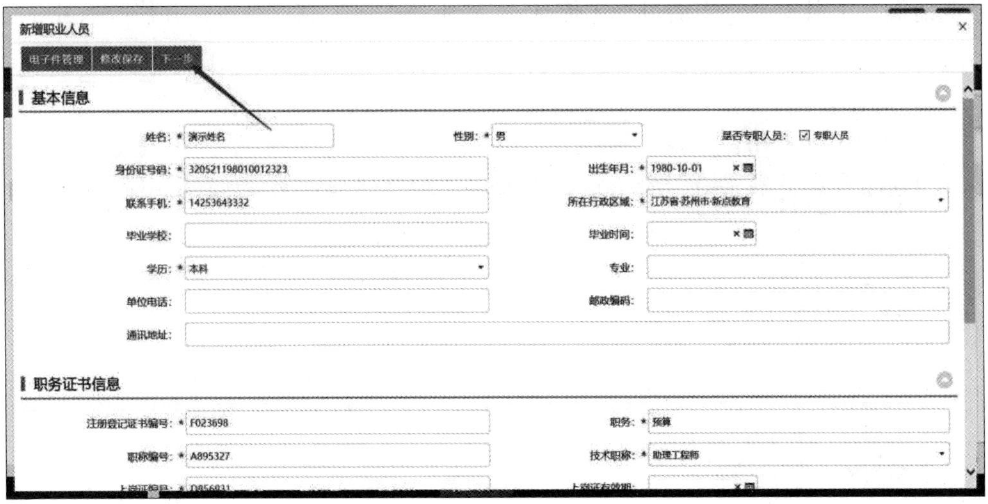

图2-23 职业人员信息填写

所有涉及资质、证明、学历等内容的，录入信息后，接下来一步都是进行电子件管理，需要上传的电子件也是由系统根据所填写的信息自动匹配的，选取"**诚信库参考电**

子件（代理）**"** 中对应电子件上传即可（图 2-24）。

图2-24　职业人员电子件管理

（5）人员职业资格

"人员职业资格" 是对上一步所录入的新增职业人员的相关职业资格进行进一步添加录入。例如，在 **"职业人员"** 中录入的 ××，×× 目前录入的职务是 **"副总经理"**，但与此同时，他也具有 **"招标师"** 的职业资格，那么就可以在这里进行资质补充。

单击 **"新增职业人员"** 按钮（图 2-25）。完善人员信息，不需要填写电子件信息，此次实训我们需要至少添加一名职业人员，名称可以用学生自己的名称+编号，作为项目经理，例如 ××× 第一次实训，就用 ×××01 这个名称，其他信息，例如，身份证号、联系电话等，可以参考 **"实训用参考信息"**，将相关内容复制进系统，并修改后几位数字来填写。

图2-25　新增人员职业资格

单击 **"+"** 按钮（图 2-26），进入 **"新增人员职业资格"** 界面。

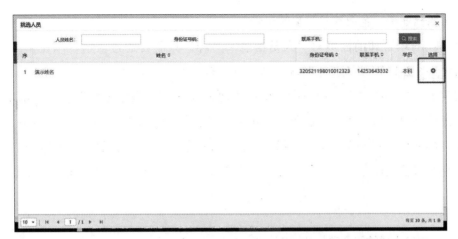

图2-26 新增人员职业资格入口

完成信息录入后，单击"**下一步**"按钮（图2-27），进入电子件上传环节。

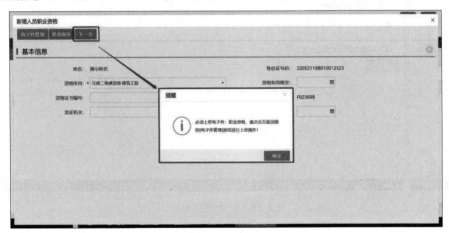

图2-27 新增人员职业资格电子件管理

单击"**修改保存**"按钮，新增人员职业资格完成（图2-28）。

图2-28 新增人员职业资格完成界面

（6）招标业绩、企业获奖、奖惩记录

这三项的填写和前面填写"**人员信息**"一样，只需要通过新增子项正常录入信息（图 2-29～图 2-31），并对应上传相关电子件材料即可。实训中，不是必填项。

现实中，在一些重大型项目中，招标代理本身也是需要通过招投标来产生的，这就对招标代理公司的招标业绩、企业获奖和奖惩记录有一定的要求，因为这是企业的历史，也是企业的实力证明材料，在一些重大型项目的投标中，是可以作为企业的加分项的。而且凡是经过公共电子交易系统的项目，公共电子信息平台会自动记录并同步显示奖惩记录。

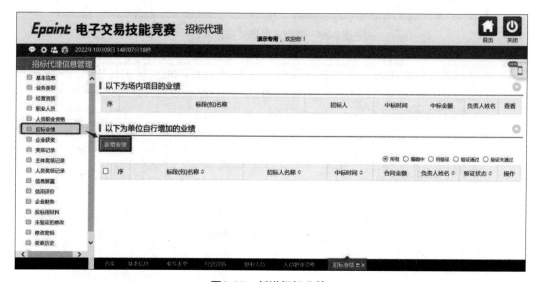

图2-29　新增招标业绩

图2-30　新增企业获奖

图2-31　新增奖惩记录

（7）主体奖惩记录、人员奖惩记录

"**主体奖惩记录**"主要是对申报的企业单位自身存在的奖惩记录，而"**人员奖惩记录**"则是对企业相关专业人员的奖惩记录。这两项是不用填写的，正常情况下，会由政府相关资源管理部门通过信息共享直接推送相关记录。只要前面录入了相关企业单位的名称和相关人员，这里系统就会自动显现"**主体奖惩记录**"和"**人员奖惩记录**"。

（8）信息披露（图 2-32）

"**信息披露**"仍然按照新增子项正常录入信息，并对应上传相关电子件材料即可。这里主要是给企业一个独立的展示空间，除了前面系统统一规定录入的业绩、奖惩以外，企业可以展示自身其他相关方面的优势，以提高自己的竞争力。

图2-32　新增信息披露

（9）信用评价

这一项也是不用填写的。正常情况下，会由政府相关资源管理部门通过信息共享直接推送相关企业的信用等级评价。只要前面录入了相关企业单位的名称，这里系统就会自动显现行政管理机构对企业的信用评价。

（10）企业财务（图 2-33）

这一项只需要通过"**新增财务**"子项正常录入信息，并对应上传相关电子件材料即可（图 2-34）。这里的企业财务信息需要根据相关要求，填写对应年份的财务信息情况，并同时上传对应年度的财务会计报表（图 2-35）。

图2-33　新增企业财务

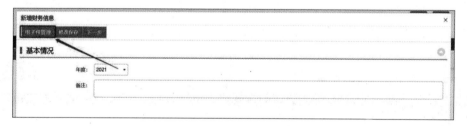

图2-34　企业财务电子件管理

图2-35　企业财务会计报表上传

（11）投标用材料

"**投标用材料**"界面包括三部分内容："已承接项目和新接项目情况""诉讼和仲裁情

况"、"其他投标用证明材料"（图 2-36）。仍然通过新增子项正常录入信息，并对应上传相关电子件材料即可。

图2-36　"投标用材料"界面

填写完成后，单击"**提交**"→"**确认提交**"按钮即可完成每一步的操作。在实际工作中，这一步完成后还需要公共资源交易中心信息科管理人员进行审核验证。在实训系统中，为了方便学生操作，系统会自动验证通过。只有审核通过后，才可以正式进入招标代理的业务操作模块。

（12）未验证的修改

设置这部分是为了帮助招标代理公司进行后期的信息维护和修改。在页面右上角显示两种状态："**待验证**"、"**验证未通过**"（图 2-37）。

如果是"**待验证**"的状态，说明前面录入的企业信息还没有推送出去，可以直接进行修改。

如果是"**验证未通过**"的状态，说明前面有信息录入错误或者不符合要求，被公共资源交易中心（或实训教师）退回，需要重新修改。

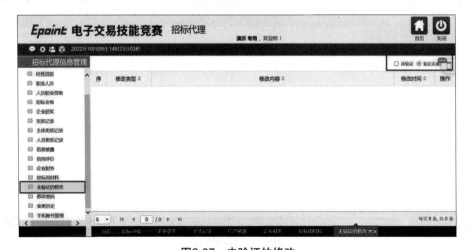

图2-37　未验证的修改

（13）修改密码

这里根据需要，进行常规操作即可。

（14）变更历史

这里可以展示前面各部分录入的信息修改变更历史，通过右上角选定不同的子项，可以分别查看变更历史。此时，在页面右上角出现"**验证通过**"的字样。

（15）手机账号管理

在此可对登录的手机账号进行管理。

2.3.2 项目注册和招标项目录入

完成招标代理的注册入库后，也就保证了招标代理身份的合法合规。通过身份验证的招标代理，刷新招投标系统后，会出现如下界面列表，即招标代理涉及的相关工作："**工程业务**""**网上投标**""**招标代理信息管理**""**考试／培训**"。第一阶段录入的招标代理企业注册入库的所有信息，都存储于"**招标代理信息管理**"这一子项中。

在现实招投标工作中，招标代理身份合法后，就要开始行使代理权，帮助业主方进行招标的相关工作，主要包括"**项目注册**"和"**招标项目**"的录入、"**招标公告发布**"、"**招标文件编制**"、"**招标清单编制**"以及"**评标办法编制**"等。"**项目注册**""**招标项目**"是将需要招标的项目进行注册入库、信息录入的过程。

1. 项目注册

项目注册的基本信息包括"**项目信息**""**招标人信息**""**项目审批（核准／备案）文件**""**项目投资组成**""**项目其他信息**""**项目招标主体信息**""**附件信息**"。

单击"**新建项目**"按钮，即可新增项目（图 2-38）。

图2-38　新增项目

填写新增项目的相关信息（图 2-39）。

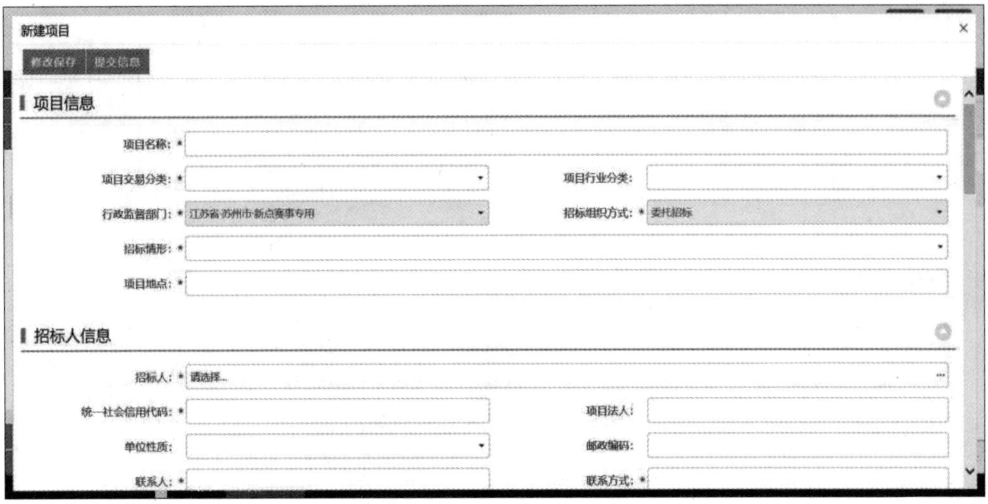

图2-39　新增项目信息填写

（1）"项目信息"填写

填写"**项目名称**"，可以自行拟定，如，一建家属楼。选择对应的"**项目交易分类**"，如，房屋建筑类。"**招标情形**"要根据"**实训课程案例说明**"文档中的具体情况进行填写，如，自愿招标。

（2）"招标人信息"填写

在"**招标人**"下拉列表（图 2-40）中，选中相关招标人（图 2-41），根据第一阶段诚信库录入的招标人的相关信息，系统会自动填写相关子项，显示样例如图 2-42 所示。

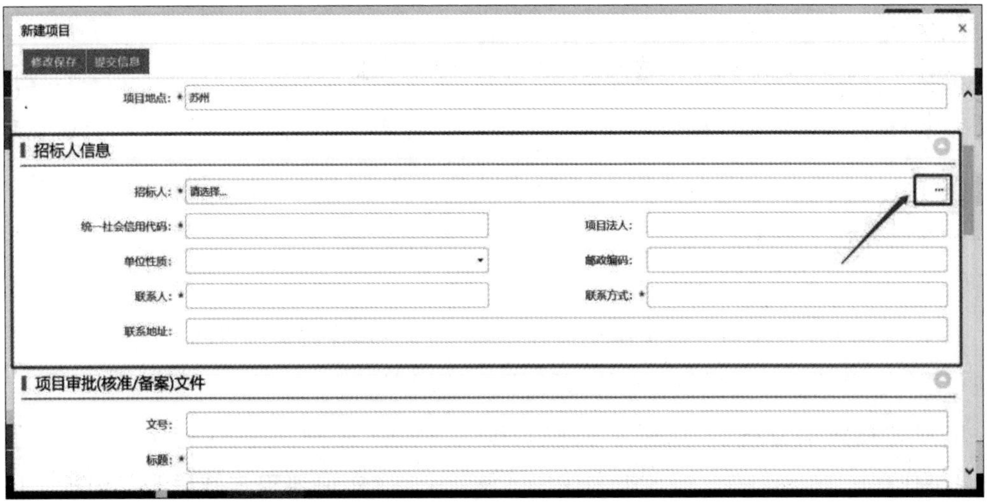

图2-40　招标人信息填写

图2-41　招标人信息列表

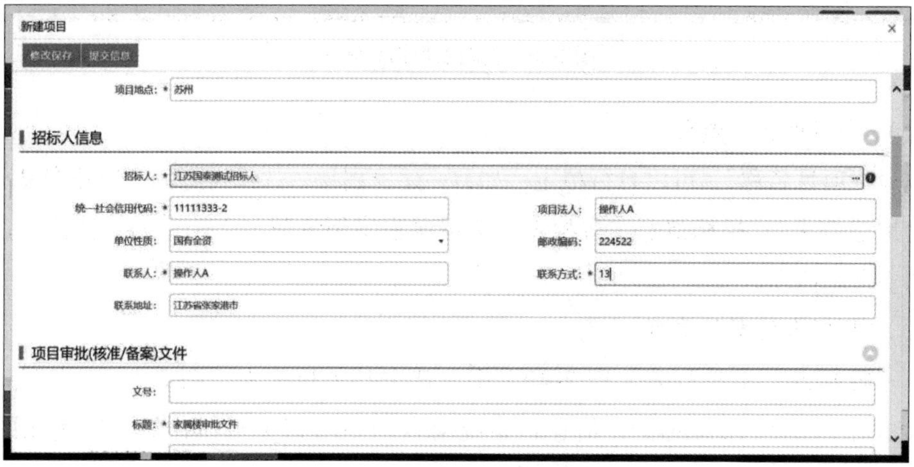

图2-42　招标人信息填写样例

（3）"项目审批（核准 / 备案）文件"填写

填写"**标题**"，如，一建家属楼审核文件。

（4）"项目投资组成"填写

填写"**资金来源**""**项目总投资**""**投资构成**"，参考"**实训课程案例说明**"文档中的具体内容进行填写。

（5）"项目其他信息"填写

如图 2-43 所示，填写"**建筑面积**"，仍然参考"**实训课程案例说明**"文档中的具体内容进行填写。作为房建类项目，建筑面积属于必填内容。

填写"**投资项目统一代码**"，代码长度为 24 位，代码格式为：年份代码 - 地区（部门）代码 - 行业代码 - 项目类型代码 - 流水号，"**实训课程案例说明**"中提供的是**江苏地区**的投资项目统一代码。一般情况下，"**投资项目统一代码**"是由上一级的省部级或地市级机关单位，根据提交上来的项目信息、投资计划，通过相应的审核后，自动分配的相应代码，相当于本项目是经过了官方认证的，代码信息相关政府网站是可以查询到的。

填写"**项目规模**"，如，小型项目、中型项目、大型项目。一般实训用，直接填写小型项目即可。

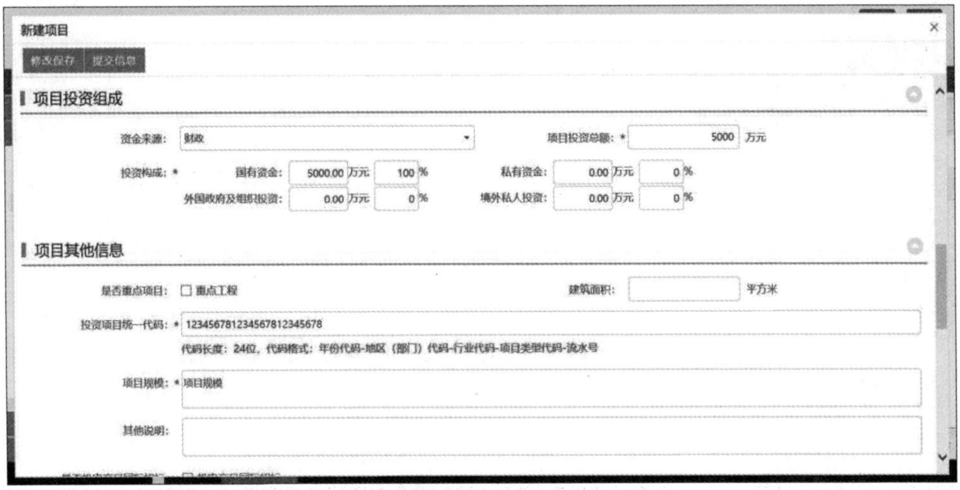

图2-43 项目其他信息

（6）"**项目招标主体信息**"填写

在这一子项中，前面填写的招标人信息，系统会自动呈现。但如果是联合体招标，这里就需要选择"**新增招标人**"，然后从"**招标人列表**"中选择对应的联合体招标人。

（7）"**附件信息**"填写

"**附件信息**"包括"**项目审批（核准/备案）文件**"和"**资金来源证明**"两部分的内容（图2-44），其中"**资金来源证明**"属于必填项目。填写"**资金来源证明**"，首先选择"**电子件管理**"，选择"**实训课程案例说明**"中的"**招标文件编制用材料**"文档，进行电子件的上传。

以上7项全部填写完成后，即完成了项目注册，单击"**提交信息**"按钮（图2-45）进行提交。填写"**签署意见**"，如，请审核。如果选中下方的"**加入我的模板**"复选框，则该条签署意见会自动保存至系统的信息模板，下一次填写时，直接选用即可。新建项目完成的界面如图2-46所示。在实际招投标工作中，这一步是需要提交系统后等待公共资源交易中心相关部门人员进行审核的，所以实际的界面上方还设置了"**手机短信提醒**"，其目的是在实际招投标工作中提醒相关部门人员及时审核。这里在学生的实训系统中简化了相关操作步骤。

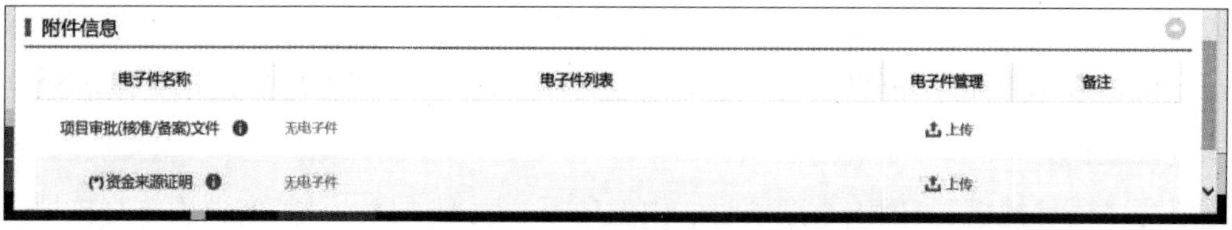

图2-44　项目附件信息

图2-45　新建项目信息提交

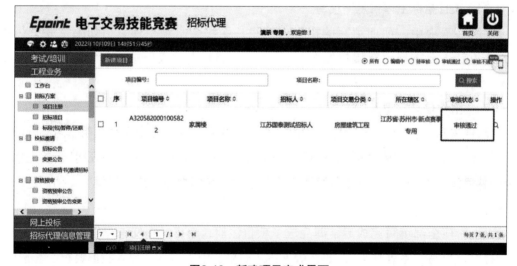

图2-46　新建项目完成界面

2. 招标项目

招标项目录入的信息内容包括"项目信息""招标项目信息""标段（包）信息"。

首先，录入新建招标项目（图2-47），选择"招标项目"→"新建招标项目"。

图2-47　新建招标项目

（1）"项目信息"填写

这一部分不需要填写，因为上一步**"项目注册"**中填写的项目相关信息就是这里的
"项目信息"，系统会自动复制并呈现出来，选中即可（图2-48）。

图2-48　选择招标项目

（2）"招标项目信息"填写（图2-49）

填写**"招标内容与范围及招标方案说明"**，这部分应该是对招标项目的具体内容、范
围等进行描述，这里仍然参考**"实训课程案例说明"**文档中的对应内容进行填写。

选择**"招标方式"**，这里系统提供三种选择：**"公开招标""邀请招标""直接发包"**。
实训时，一般选择**"公开招标"**。

选择**"代理机构"**，这里直接选择下拉列表中对应的代理机构即可，下拉列表中的代
理机构是前面招标代理注册入库时录入的相关信息，系统自动同步过来。

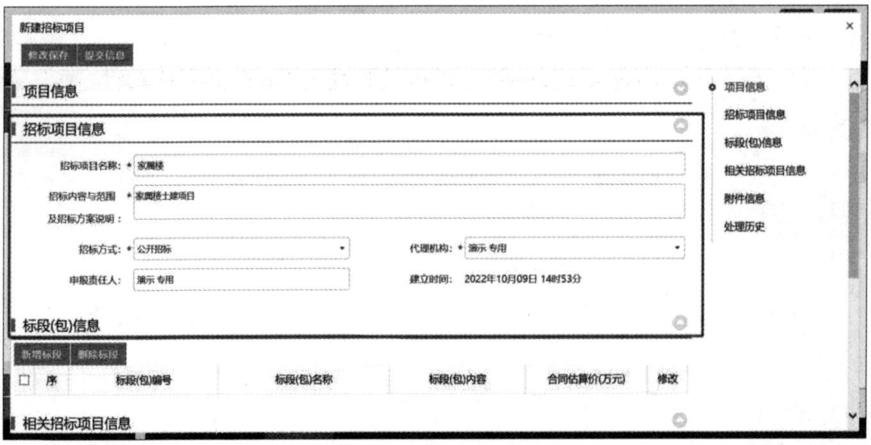

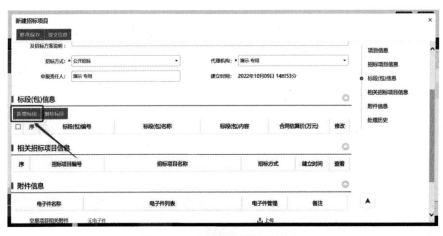

图2-49　招标项目信息

（3）"标段（包）信息"填写

选择"**新增标段**"（图 2-50），填写"**标段（包）名称**"，一般情况下大型项目都会分标段进行工程招投标。实训中可以 ××× 一标、××× 二标、××× 三标等这样的形式填写，如，一建家属楼一标。

图2-50　新增招标项目标段信息

"**标段（包）内容**"是通过下拉列表进行选择录入的（图 2-51），单击"**挑选**"按钮，弹出"**标段（包）内容**"对话框，其中包括"**工程**""**货物**""**服务**"等内容，例如，选择"工程"→"工程施工"→"建筑工程"→"土石方工程"等。选中后，进行确认即可（图 2-52）。

"**交易范围**"可参考"**实训课程案例说明**"文档中的对应内容进行填写。

"**合同估算价**"根据"**实训课程案例说明**"文档中提供的合同资料输入金额即可。

"**资审方式**"包括"**资格预审**"和"**资格后审**"两种方式，正常情况下两种方式都可以采用，实训系统中建议选择"**资格后审**"，这样可简化操作环节。

"采用网上招投标"选择"是"(图 2-53)。

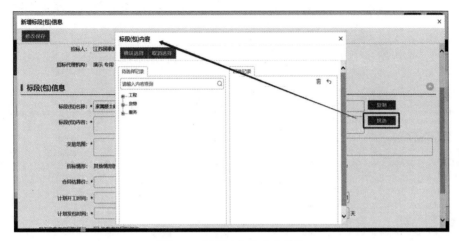

图2-51 标段(包)内容挑选

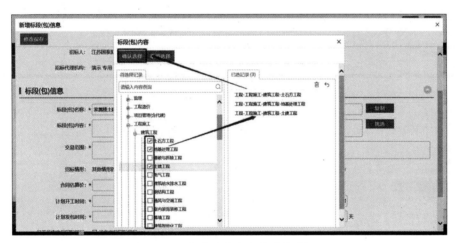

图2-52 标段(包)内容确认选择

图2-53 是否网上招投标选择

　　"计划开工时间"和**"计划竣工时间"**是通过选择来进行操作的，一般开工时间可以选择实训的当天，竣工时间可以推后两年选择。竣工时间要和下面的**"预定工期"**大致匹配。

　　如果还有新增的标段信息，可以再次单击**"新增标段"**按钮（图2-54）进行添加。

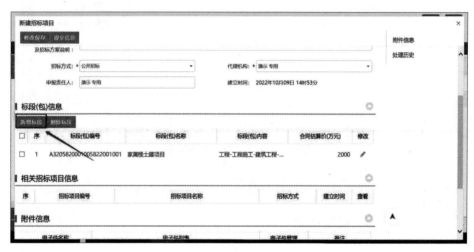

图2-54　再次新增招标项目标段

　　如果有不需要的标段，可以单击**"删除标段"**按钮（图2-55）进行删除。

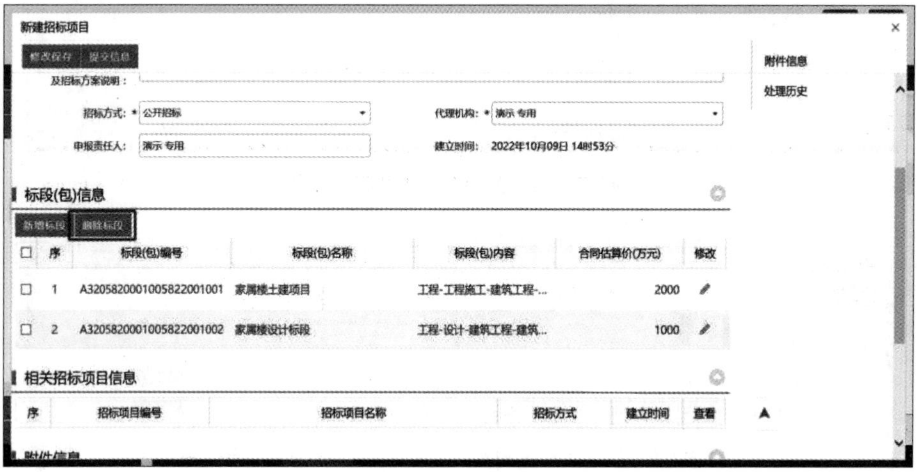

图2-55　删除标段

　　全部填好以后，单击**"提交信息"**按钮即完成了项目注册和招标项目信息的录入（图2-56）。

图2-56　招标项目录入完成界面

2.3.3　招标文件编制

招标文件的编制是招标工作的核心内容，其目的是让学生了解实际工程中招标文件编制的具体内容和程序。实际工程招投标工作中，招标项目录入完成后，进入招标文件编制环节。

注意：为了简化实训环节学生的操作步骤，避免重复操作，本实训系统需要先完成"招标公告的编制和发布"和"开评标场地的预约"环节，然后再进行招标文件的编制。

选择"**工程业务**"→"**发标**"→"**招标文件**"→"**制作招标文件**"，选择上一步录入的招标项目，选择"**招标文件模板**"（BGBJSGC 房屋建筑和市政工程标准施工招标文件2010 版，这是全国通用且最常用的模板）→"**确定**"。

选择"**招标文件**"→"**制作招标文件**"（图 2-57）。

图2-57　制作招标文件

选择对应招标的标段（图 2-58 ）。

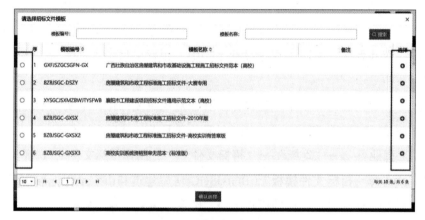

图2-58　选择标段

选择招标文件模板（图 2-59 ）。

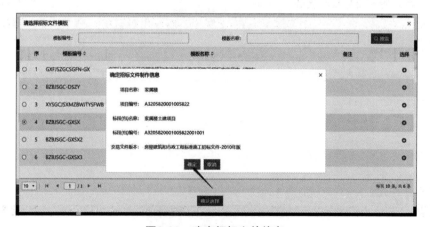

图2-59　选择招标文件模板

对招标文件信息进行确定（图 2-60 ）。

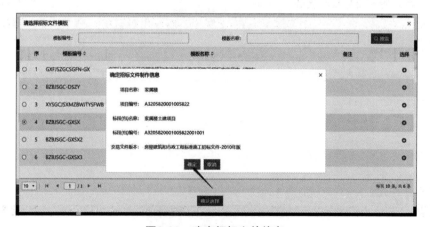

图2-60　确定招标文件信息

接下来将进入招标文件的编制界面。需要编制的招标文件内容包括"**封面**""**投标人须知**""**合同条款**""**评标办法设置**""**技术标准和要求**""**工程量清单导入**""**投标文件组成设置**""**招标文件的其他材料**""**生成招标文件**"。

1. 封面（图2-61）

在页面的右上角会提示"**本页共 × 个输入项，未填 × 项。高亮未填项**"。选择"**高亮未填项**"，系统页面会有**亮黄色**区域显示未填项的位置。此处，"**日期**"处会出现亮黄色区域提示，需要选择制作日期，实训时建议选择实训当天日期即可（图 2-62 ）。

图2-61 招标文件封面

图2-62 确定招标文件法发售时间

2. 投标人须知

"**招标人**""**招标代理机构**""**项目名称**""**建设地点**"这几部分根据"**实训课程案例说明**"文档中提供的资料进行填写（图 2-63 ）。

"**资金来源**"填"**自筹**"。

"**出资比例**"填"**100%**",因为是自筹的方式,所以是 100% 出资。

"**资金落实情况**"填"**已落实**"。

"**招标范围**"是对招标内容在技术标准中对应的章节内容进行详细的说明。

图2-63 投标人须知的填写(1)

对于"**计划工期**"的填写,如设置的计划工期是 360 天,计划开工填写的是实训当天,那么竣工时间往后推移计算即可(图 2-64)。

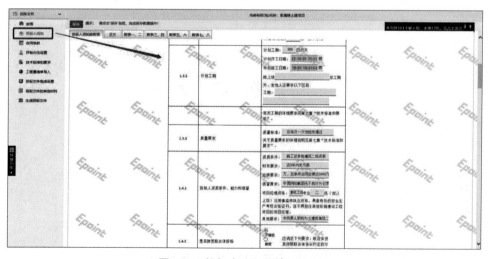

图2-64 投标人须知的填写(2)

"**投标截止时间**"的填写要注意和标书售卖时间以及开评标时间统筹安排好(图 2-65)。

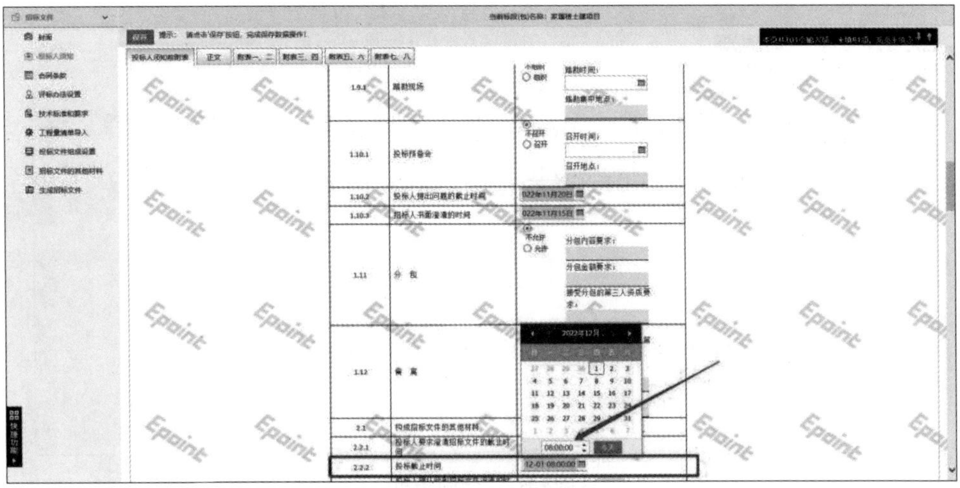

图2-65　投标人须知的填写（3）

在实训系统中，“**投标人须知**”剩余的其他部分都不需要进行填写，系统默认填写完成。但实际工程中，需要根据项目的实际情况如实填写（图 2-66）。全部编辑完成后，单击“**保存**”按钮进行保存。

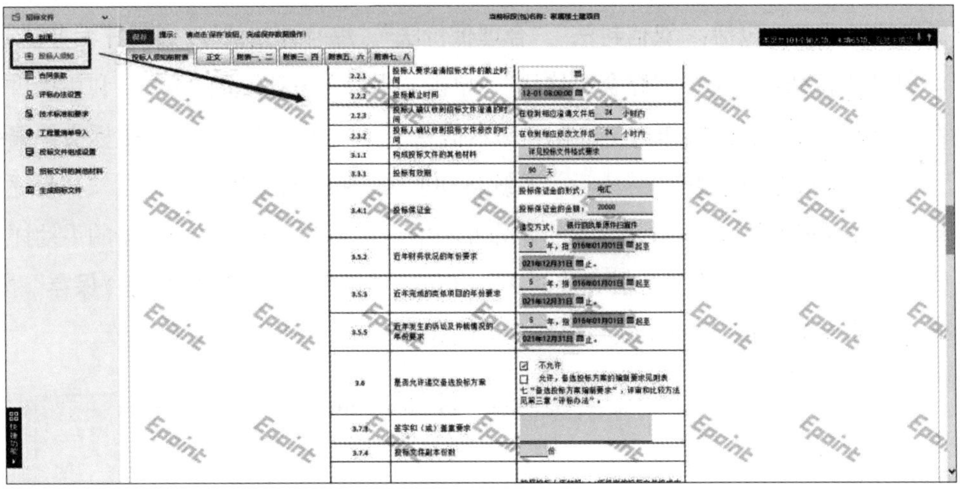

图2-66　投标人须知的填写（4）

3. 合同条款

这里是一个系统内嵌的 word 文档形式，主要包括“通用合同条款”和“专用合同条款”（图 2-67），这些条款都有统一规定的相对固定的内容和格式，一般招标代理公司都有基本模板，只需要根据不同的项目的不同参数进行填写就可以了。在实训系统中，复制文档即可。

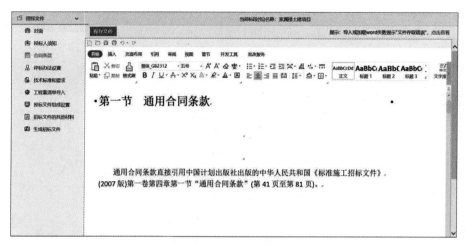

图2-67 合同条款

4. 评标办法设置

评标办法包括四个模块:"**评标办法**""**初步评审设置**""**详细评审参数**""**废标条款**"。

(1)评标办法

"**评标办法**"需要根据招标文件的要求进行选择或利用提供的资料包直接导入。实训系统提供的评标办法包括:"**双信封法**""**合理低价法**""**综合评估法**""**通用评标办法**"(图2-68)。打开下拉列表,选择"**综合评估法**",单击"**保存**"按钮(图2-69)。利用提供的资料包直接导入评标办法的操作为:选择"**基本信息**"→"**导入办法**"→"**招标文件编制用材料**"→"**参考用评分办法**",导入后,系统自动上传一系列评分办法,包括"**初步评审设置**"和"**详细评审参数**"。在自动导入的评分办法中,实训者仍然可以增加新的手动评分细则。特别注意:用直接导入的方法完成的评分办法,导入完成后,**不要**单击"**保存**"按钮。如果单击"**保存**"按钮,则会形成一份新的空的评标办法,需要重新进行设置。

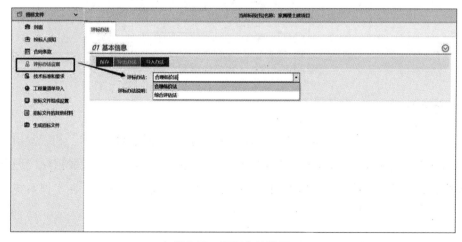

图2-68 评标办法选择

图2-69 保存评标办法设置

（2）初步评审设置

"初步评审设置"包括三部分的设置："**形式评审**""**资格评审**""**响应性评审**"（图 2-70）。这三部分的评审都可以在这里设置新增评分点。设置方法如下：

"**新增评分点**"中的"**序**""**评分点名称**""**评审标准**"在实训中可以根据项目要求自行编写，没有特殊要求，自己能辨别即可。

"**打分方式**"是需要选择的，目前只有一个选择项"**符合性打分**"。

"**是否属于必过项**"可以勾选，也可以不勾选，没有特殊要求。

"**评分查看地址**"可以通过打开下拉列表进行选择。

单击"**保存**"按钮完成新增评分点的设置，设置后如果觉得不合理也可以直接在列表中删除。

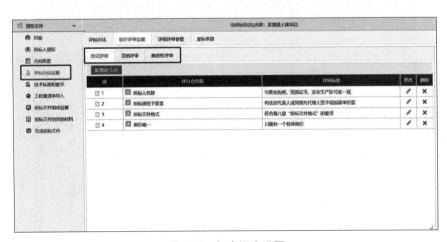

图2-70 初步评审设置

（3）详细评审参数

"详细评审参数"包括四部分的设置："**经济标评分参数**""**技术标评分参数**""**综合标**

评分参数""其他评分参数"（图 2-71）。前三个评分参数设置是类似的，设置方法如下：

图2-71　经济标评分参数设置

单击"**新增评分点**"按钮"**序**""**评分点名称**""**评审标准**"在实训中可以自行根据项目要求进行编写，没有特殊要求，主要方便自己辨别。

"**打分方式**"选择"**自动打分**"即可。

单击"**修改**"按钮，会弹出"**选择公式**"对话框（图 2-72）。单击需要选择的计算公式后面的"+"按钮，即选中该公式。但选中计算公式后，公式下方仍需要手动输入一些设置说明："**如果有效标单位超过 × 家（包含 4），则去掉 × 个最高价，去掉 ＊ 个最低价，若小于 4 家则不去，将其投标报价取平均值后乘以 ×% 作为基准值。**"正常情况，有效标超过 4 家，则去掉 1 个最高价，去掉 1 个最低价，取平均值后乘以 80% 作为基准值。

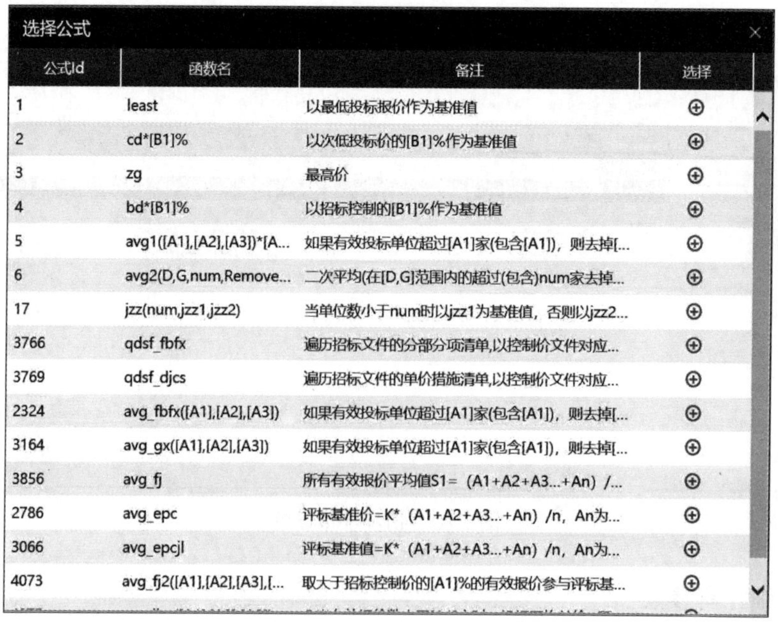

图2-72　"选择公式"对话框

"扣分公式"设置，单击编辑按钮，会出现10个常用扣分公式，当鼠标停留在某一公式上方时，会出现关于这个扣分公式的详细说明，单击需要选择的计算公式后面的"+"按钮，即选中该公式。公式下方需要手动填写两个百分数："**有效范围为基准值的 ×% 至 ×%（含90%和95%），超出报价有效范围的投标做废标处理。**"正常情况下，建议填写90%及以上比较合适。

（4）废标条款

可以通过"**新增废标条款**"按钮，增加废标条款（图2-73）。

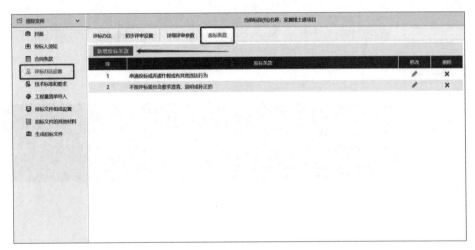

图2-73　新增废标条款

5. 技术标准和要求

"**技术标准和要求**"与"**合同条款**"一样，为系统内嵌的word文档形式，通过复制、粘贴填写即可（图2-74）。

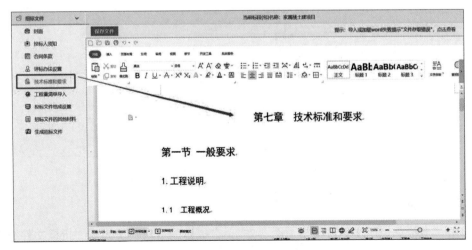

图2-74　技术标准和要求

6. 工程量清单导入

"**工程量清单导入**"是实际招标工作中很重要的内容,包括:"**封面扫描件**""**总说明文件**""**工程量清单**""**生成清单PDF**"。

（1）封面扫描件

单击"**上传封面扫描件**"按钮（图2-75）,在提供的资料包中找到"**招标文件编制用材料**"中的"**招标清单封面**"文件,并打开,完成封面扫描件的上传（图2-76）。

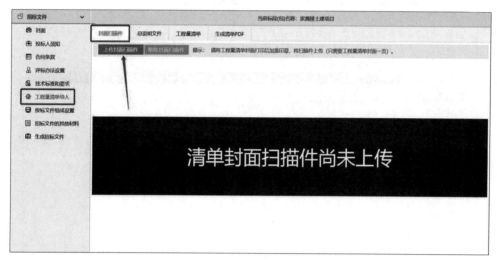

图2-75　上传封面扫描件入口

图2-76　封面扫描件上传完成界面

（2）总说明文件

单击"**上传总说明文件**"按钮（图2-77）,在提供的资料包中找到"**招标文件编制用材料**"中的"**招标清单编制总说明**"文件,并打开。

图2-77 上传总说明文件

（3）工程量清单

单击"**上传清单**"按钮（图2-78），在提供的资料包中找到"**招投标清单**"中对应的项目清单。这里要注意，不同省份同一项目的清单是不一样的，所以不同省份的学校在进行实训时，要选择对应省份的清单上传，一般在资料名称中的英文字母后缀就是省份的首字母。

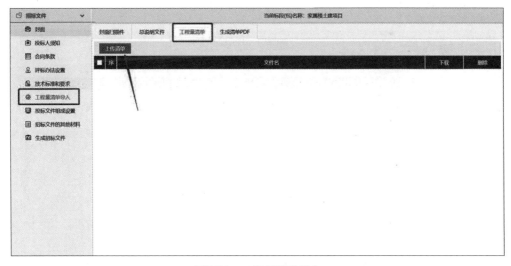

图2-78 工程量清单导入

（4）生成清单 PDF

以上三部分资料上传完成后，需要汇总后生成一份 PDF 文档。单击"**生成清单PDF**"→"**生成文件**"按钮即可（图2-79）。生成后可以进行预览，这是一份带有水印的文档。

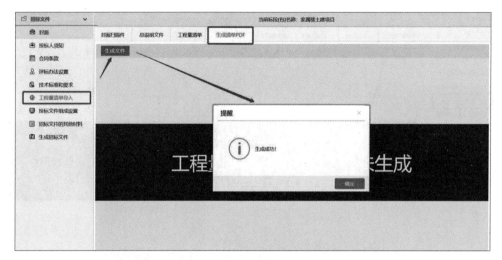

图2-79 生成PDF工程量清单

7. 投标文件组成设置

投标文件中有"**是否必选**"项，其中系统已经默认"**必选**"的项目，在"**是否选择**"项中系统也已经默认打钩，剩余的就是一些"**可选**"的项目，要根据实际项目的需求进行选择（图2-80）。

该模块还可新增投标文件所需的其他材料，选择"**投标所需其他材料**"→"**新增**"即可增加（图2-81）。

图2-80 投标文件组成选择

8. 招标文件的其他材料

此模块用来上传招标文件的其他一些说明性材料，如，工程图纸和工程其他说明材料等，单击"**上传**"按钮即可（图2-82）。

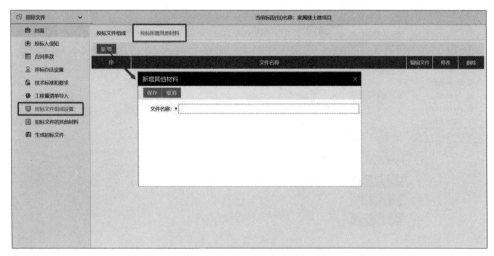

图2-81 新增投标所需其他材料

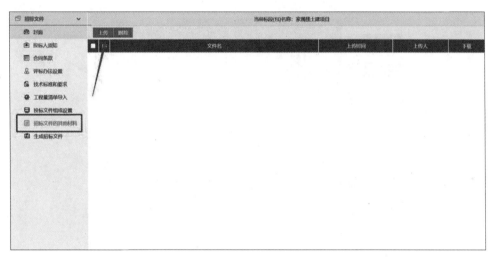

图2-82 招标文件的其他材料

9. 生成招标文件

招标文件生成是一个流程化操作:"**相关文件转换**"→"**相关文件签章**"→"**生成文件**"。首先进入招标文件生成入口(图 2-83)。

(1)相关文件转换

"**相关文件转换**"包括"**招标正文**"和"**工程量清单**"(图 2-84)。其中"**工程量清单**"在前面的操作中已经生成了,所以显示已生成(打绿色钩),"**招标正文**"显示"**否**",说明是需要生成的。单击"**招标正文**"后面的"**转换**"按钮。当显示"**正文转换成功!**"时,单击"**确定**"按钮,并单击"**下一步**"按钮。

注意:转换过程等待的时间长短和电脑配置直接相关,电脑配置越高,时间越短。

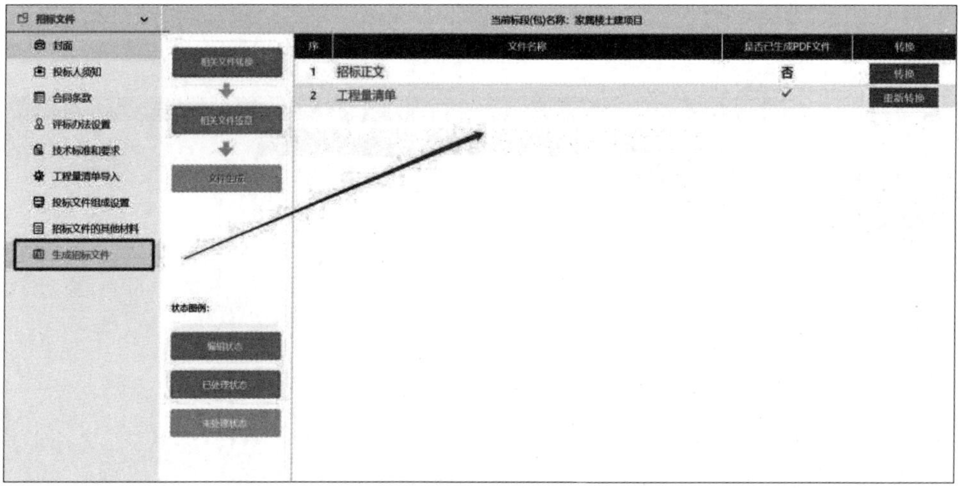

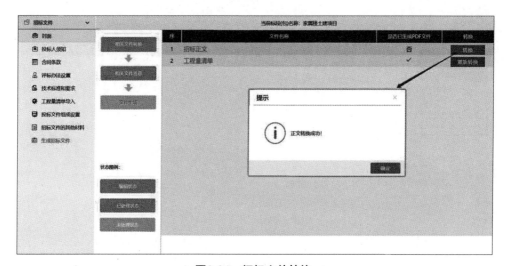

图2-83 招标文件生成入口

图2-84 招标文件转换

（2）相关文件签章

首先，插入电子CA加密锁，选择"**盖章**"，这时会出现"**招标文件**"文档。预览文档，并在合适的位置选择"**签章**"，在调出的签章通知单中输入CA锁的密码，单击"**确定**"按钮，完成后，单击"**签章提交**"按钮，确定完成。"**工程量清单**"签章也是一样的操作流程。

（3）"生成文件"

单击"**生成**"按钮（图2-85），会弹出"**信息确认**"对话框（图2-86），逐个核对"评标办法""投标文件组成""投标所需其他材料"。

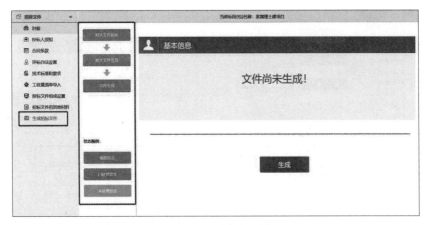

图2-85　生成招标文件

图2-86　生成招标文件信息确认

单击"**确定**"按钮（图 2-87），系统会自动生成文件（图 2-88），生成后会出现操作人和操作时间等信息，同时可以将生成的招标文件进行下载查看。下载的招标文件的文件名后缀是"BZZB"，即"**标准招标**"的首字母大写。

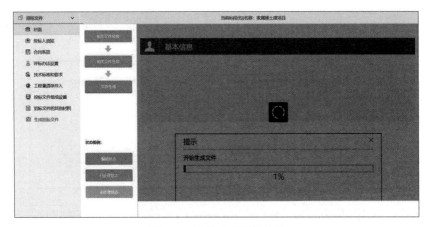

图2-87　开始生成招标文件

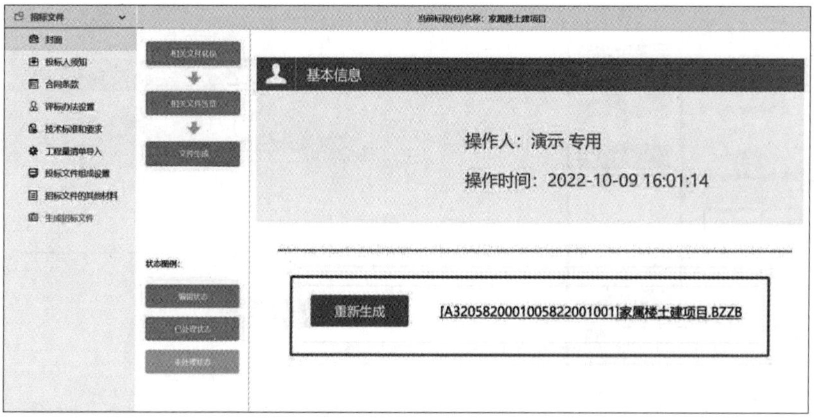

图2-88　招标文件生成完成

（4）招标文件发售时间

回到主页面，单击招标文件的"**操作**"按钮（图 2-89）进行编辑，主要是对"**招标文件发售时间**"进行补充设置（图 2-90）。

图2-89　招标文件编辑

图2-90　招标文件发售时间设置

注意：时间设置时，招标文件出售开始时间离开标时间不少于 20 日，最后一天是法定节假日的，开标时间应该顺延至节假日后的次日，招标文件的发售期不得少于 5 个工作日。

"**投标有效期**"一般设置为 6 天。

"**投标文件递交方法**"一般设置为上传至实训系统中。

"**开标方式**"一般设置为在实训系统开标大厅现场开标。

"**保证金金额**"根据项目总额按比例进行设置，不得超过投标总额的 2%，且最高不得超过 80 万元（图 2-91）。

"**保证允许递交方式**"根据实际选择，常用的方式为"**转账支票**"。

"**招标文件工本费**"，由于目前多数城市取消了招标文件工本费，且招标文件大部分电子化了，所以这里建议设置为 0 元。

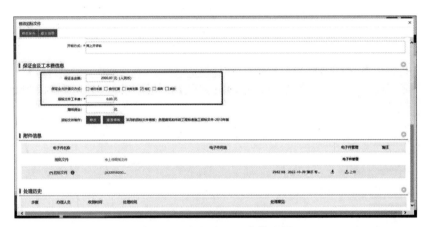

图2-91　保证金及工本费设置

检查附件信息，如果无误。选择"**提交信息**"→"**请审核**"→"**确认提交**"（图 2-92）。系统会自动回到主页面，显示招标文件编制完成，通过审核（图 2-93）。

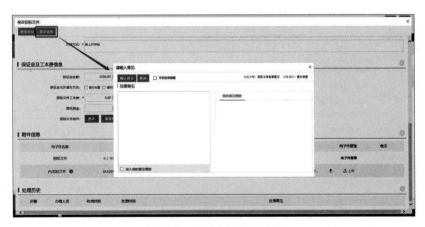

图2-92　招标文件提交审核

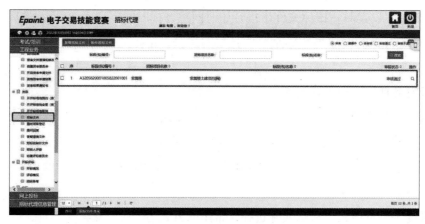

图2-93　招标文件审核通过

"**回复**"是投标人对招标文件提出疑问，需要招标人回复的模块，单击"**回复**"下的编辑按钮（图 2-94），进入招标文件提问的回复界面进行回复（图 2-95）。

图2-94　招标文件提问回复入口

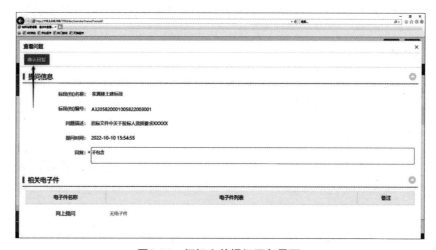

图2-95　招标文件提问回复界面

"**答疑澄清文件**"是招标人根据投标人的提问，整理出的答疑澄清招标文件的文件
（图2-96）。

图2-96　答疑澄清文件

"**招标控制价文件**"的发布包括三部分内容："**招标控制价清单**""**招标控制价说明文
件导入**""**生成招标控制价文件**"。

首先，进入招标控制价文件编制界面（图2-97）。

图2-97　招标控制价文件

其次，上传招标控制价清单封面（图2-98）和清单。

再次，利用系统自动生成招标控制价文件（图2-99）。

最后，提交生成的招标控制价文件（图2-100），并通过审核（图2-101）。

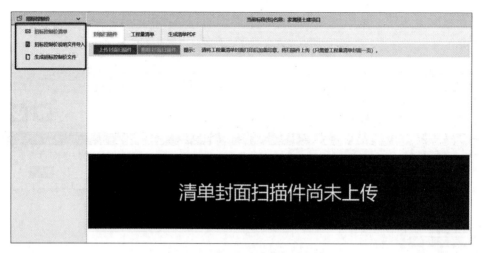

图2-98 招标控制价清单封面上传

图2-99 生成招标控制价文件

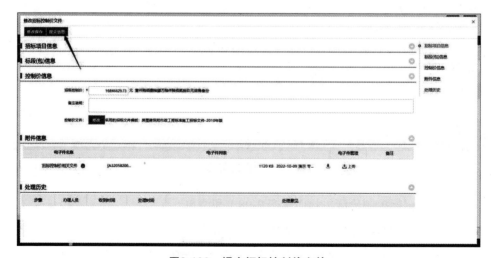

图2-100 提交招标控制价文件

图2-101 招标控制价文件审核通过

2.3.4 开评标场地预约

开评标场地的预约是匹配每一个招投标项目进行的，在现今实行的电子招投标过程中，每个地区一般都会设置电子招投标交易中心，这个中心不仅是一个提供给招投标双方的交易场所，更是建筑行政管理机构进行行政监督和行政管理的场所，也是保障招投标活动合法进行的必备条件。电子招投标交易中心会设置多个交易室，每一个项目开评标都需要提前进行线上预约。

首先单击"**新增场地预约**"按钮，然后选择对应的需要进行开评标的项目，最后单击"**确定**"按钮（图 2-102）。

图2-102 新增开评标场地预约

1. 标段（包）信息

新增预约后，系统会直接出现项目相关信息，无须录入（图 2-103）。

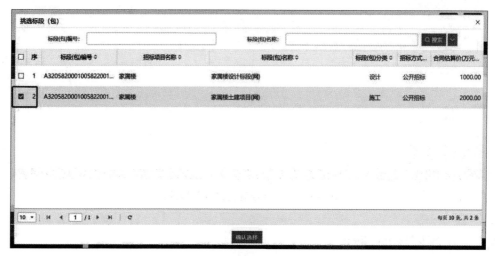

图2-103　标段（包）信息

2. 预约开标场地

（1）开标室预约

开标室预约的时间不仅要距离招标文件出售不少于 20 日，而且要预约在提交投标文件截止时间之后。选定具体时间后，单击"**搜索**"按钮，会出现电子招投标交易中心各开标室的具体安排情况，选择符合时间要求的开标室，再选择详细的时间段，单击"**修改保存**"按钮即可（图 2-104）。其中，在选择开标室的时间段中，蓝色旗帜表示开标开始时间点，红色旗帜表示开标结束时间点。

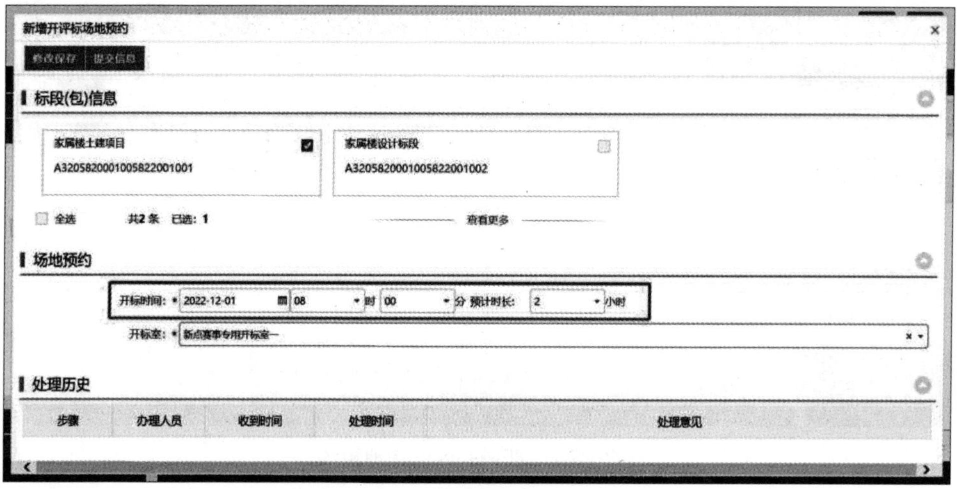

图2-104　开标时间和场地预约

注意：实际预约开标室时，不仅要考虑时间，还要考虑开标室容纳量等情况。例如：预计投标人较多，需要预约容纳人数多的开标室；预计会有远程开评标的，需要预约有电子屏幕、可以远程对话的开标室等。

预约完成后会显示"**待审核**"状态（图 2-105）。在实际工作中，是由招投标交易中心管理人员进行审核的；在实训系统中，自行审核即可。单击左上角"**消息提醒**"→"**待办事宜**"→"**同意**"→"**确认提交**"按钮（图 2-106），完成开标室预约的审核。

图2-105　开标时间和场地预约待审核状态

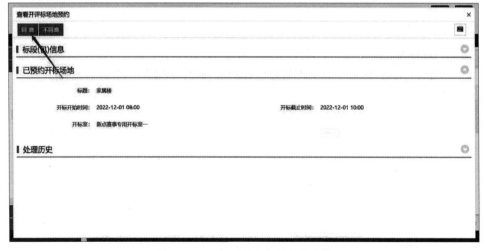

图2-106　开标时间和场地预约审核

（2）评标室预约

预约时间要安排在开标时间段之后，其他设置方法和开标室预约相似（图 2-107）。

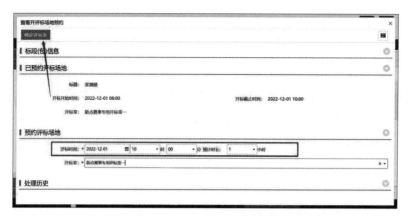

图2-107　评标时间和场地预约

（3）开评标场地变更

现实招投标工作中，时常会由于多种原因导致开评标时间和场地发生变更，实训系统也提供了开评标场地变更的相关操作界面。首先，单击**"新增开评标场地变更"**按钮（图 2-108），然后填写变更信息（图 2-109）。

图2-108　新增开评标场地变更

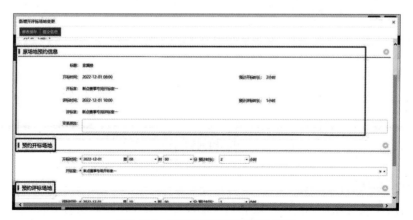

图2-109　开评标场地变更信息填写

2.3.5 发布招标公告

招标人完成了项目招标文件的编制以及开评标场地预约后，便可以准备发布招标公告。招标公告的主要内容就是编制好的招标文件，但还需要补充一些发布的基本信息。

首先，单击"**新增招标公告**"按钮（图 2-110），然后，选择对应的需要招标的标段（图 2-111）。

图2-110 新增招标公告

图2-111 选择标段

1. 招标项目信息、标段（包）信息

这两部分系统会自动同步信息，不需要录入（图 2-112）。

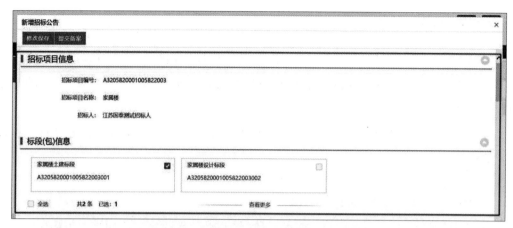

图2-112 招标项目信息和标段（包）信息

2. 公告信息（图 2-113）

"**投标截止时间**"设置，注意不得早于当前时间，且要注意设置在开标、评标时间之前，要和前面设置的开评标时间合理衔接，不冲突。

"**公告发布时间**"设置在投标截止时间之前，因为投标人应该是先看到公告，再开始制作投标文件，做好了投标文件，才会去投标，所以要给投标人预留足够的投标文件制作时间。

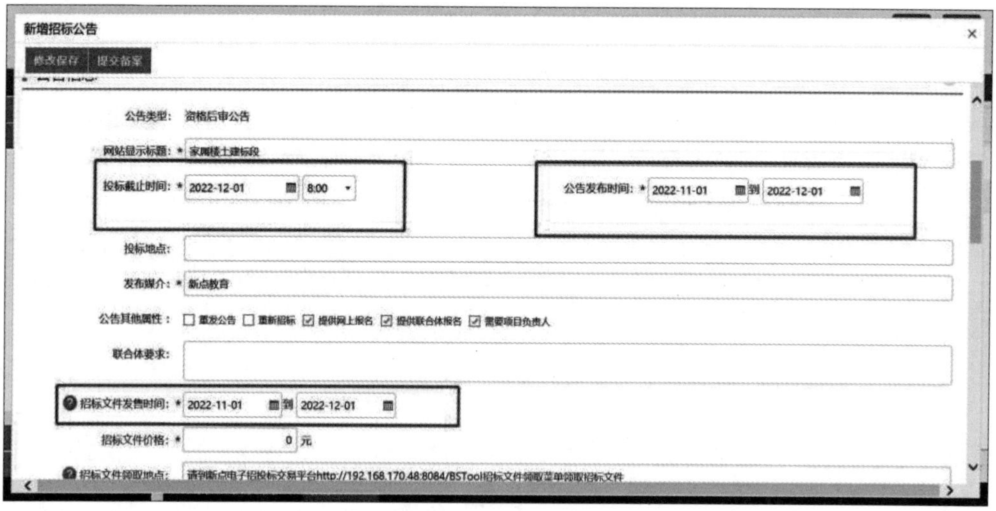

图2-113 公告信息

"**发布媒介**"在实训的时候直接输入"**新点教育**"即可。

"**公告其他属性**"包括："**重发公告**""**重新招标**""**提供网上报名**""**提供联合体报名**""**需要项目负责人**"。这里根据项目需要，自行选择即可。

"**招标文件发售时间**"与招标文件编制中的时间保持前后一致即可。

"**招标文件价格**"与招标文件编制中的价格一致,系统也会自动同步信息。

"**招标文件获取方式**"实训中可以录入"**至实训系统下载**"。

"**投标文件递交方式**"实训中可以录入"**上传至实训系统**"。

3. 投标条件

"**资质要求**"通过下拉列表进行选择即可(图 2-114)。一般情况下,都需要具备相关建筑资质。列表中没有的资质,可以通过选择"**并且**"→"**新增资质**"进行添加。

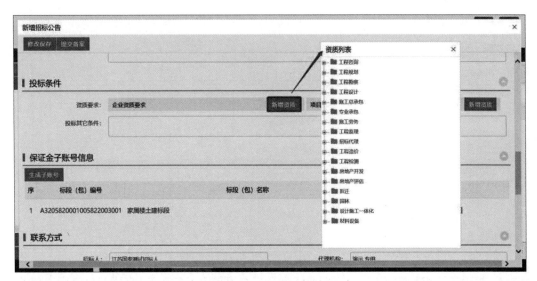

图2-114 资质列表

多种资质之间既可以是"**并且**"的关系,又可以是"**或者**"的关系(图 2-115)。

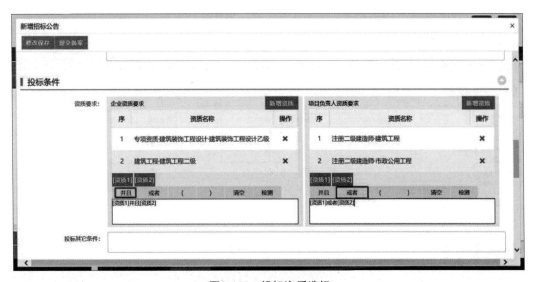

图2-115 投标资质选择

4. 保证金子账号信息

这部分是和银行系统进行的信息对接，在实训过程中，可以不录入相关信息，不影响实训的进行。

5. 联系方式

通过"**实训课程案例说明**"文档资料中的信息，进行填写。

以上几部分录入完成后，点击"**提交备案**"（图 2-116）。

图2-116 提交备案

提交备案成功后，会显示招标公告发布成功界面（图 2-117）。

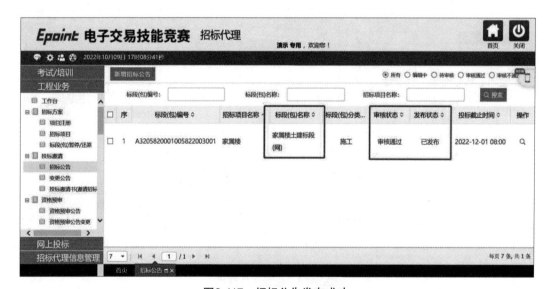

图2-117 招标公告发布成功

6. 变更公告

当发布的招标公告由于各方面的原因需要变更时，首先单击"**新建变更公告**"按钮（图2-118），然后填写"**变更时间**""**变更内容**"（图2-119）。最后单击"**提交信息**"按钮，审核通过后便完成了设置（图2-120）。

图2-118　新建变更公告

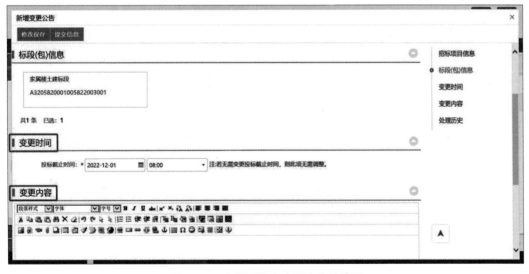

图2-119　变更时间和变更内容的填写

图2-120　变更设置完成

第 3 章
CHAPTER 3

工程投标及模拟实训

3.1　工程投标阶段的流程

工程投标阶段主要包括：投标报名、编制投标文件、上传投标文件。其中，不同项目类型编制投标文件的详细流程有所差异。每个阶段所包含的详细流程见表3-1。

表3-1　工程投标阶段的流程

序号	主要阶段	详细流程
1	投标报名	查看招标公告
		组建投标工作机构
		投标报名
		购买并获得招标文件
		现场踏勘
2	编制投标文件 （工程施工）	投标函及投标函附录
		承诺书
		法定代表人身份证明和授权委托书
		联合体协议书
		投标保证金
		已标价的工程量清单
		施工组织设计
		项目管理机构资料
		拟分包项目情况表
		资格审查资料
		投标人须知前附表规定的其他材料

（续）

序号	主要阶段	详细流程
2	编制投标文件 （设备材料）	投标函
		投标一览表
		技术性能参数的详细描述
		商务和技术偏差表
		投标保证金
		有关资格证明文件
		招标文件要求的其他内容
	编制投标文件 （工程服务）	资格审查申请书
		技术建议书
		财务建议书
		质量安全监督登记书／项目监理机构概况表
3	上传投标文件	投标文件上传电子招投标系统

3.2　工程投标阶段的工作内容

3.2.1　投标阶段招投标双方应避免的违规事项

1. 投标人应避免的违规事项

1）投标人编制投标文件时没有对招标文件条款进行实质性响应。

2）投标人没有对招标文件提供资料的准确性进行复核。

3）投标人之间相互约定抬高或压低投标报价。

4）投标人之间相互约定，在招标项目中分别以高、中、低价位报价。

5）投标人之间先进行内部竞价，内定中标人，然后参加投标。

6）投标人之间其他串通投标报价的行为。

2. 招标人应避免的违规事项

1）招标人在开标前开启投标文件并将有关信息泄露给其他投标人，或者授意投标人撤换、修改投标文件。

2）招标人明示或者暗示投标人压低或抬高投标报价。

3）招标人明示或者暗示投标人为特定投标人中标提供方便。

4）招标人与投标人为谋求特定中标人中标而采取的其他串通行为。

3.2.2　投标保证金

1. 投标保证金的相关规定

1）投标保证金不超过投标总价的 2% 且最高不超过 80 万元。

2）投标保证金一定要在规定时间前缴纳，以现金或支票形式提交的投标保证金应从基本账户转出，否则投标无效。

3）投标保证金的有效期应与投标有效期一致，从投标人提交投标文件截止之日起算，退还应最迟在与中标人签订合同后 5 日内。

2. 投标保证金的形式

1）现金：数额较小的情形。

2）银行汇票：银行开出，由投标人交给招标人，招标人再凭银行汇票在自己的开户银行兑取汇款。

3）保兑支票：投标人开出，并由投标人交给招标人，银行或其他金融机构见票时无条件支付确定金额给招标人。

4）投标保函：由投标人申请银行开立的保证函，保证投标人在中标人确定之前不得撤销投标，否则，将此笔费用支付给招标人。

3. 投标保证金的作用

1）对投标人的行为进行约束。保证投标人在递交投标文件后不随意撤回，中标后不无故不签订合同，签订合同不提附加条件，并按照招标文件要求提交履约保证金，否则招标人不予返还投标保证金。

2）特殊情况下，可以弥补招标人的一部分损失。中标人反悔，不签订合同，则没收投标保证金。

3）督促招标人尽快定标。投标保证金在投标有效期内起作用。

4）从侧面考察投标人的实力。参加工程投标的企业缴纳投标保证金，如果投标人连投标保证金都交不起，说明企业根本不具备完成工程的基本能力。

3.2.3　商务标文件的编制

1. 投标函及投标函附录

投标函是指投标人按照工程招标文件的条件和要求，向招标人提交的有关工程报价、工程质量、工期及履约保证金等承诺和说明的函件，是投标人为响应招标文件相关要求所做的概括性说明和承诺的函件，一般位于投标文件的首要部分。其格式、内容必须符合招标文件的规定，并要加盖投标单位公章，经单位法定代表人或其委托代理人（同时是专职投标员）签字或盖章。

投标函附录是附于投标函后并构成投标函一部分的文件，是投标人响应招标文件中规定的实质性要求和条件做出的承诺，是合同文件的重要组成部分。承诺必须优于招标文件的要求。

2. 投标响应表

投标响应表是对招标文件有关工期、投标有效期、质量要求、技术标准和要求、招标范围等实质性内容做出的响应，格式由投标人自行拟定。

3. 投标报价表

投标报价表是对投标报价按建筑工程、安装工程等进行汇总，同时列出不包括在投标总价中的社会保险费（如安全防护、文明施工措施费等）及工程施工主要材料（如钢材、水泥、商品混凝土）的用量。

4. 已标价工程量清单

已标价工程量清单是按工程量清单报价要求提交的工程量清单报价文件。该部分文件必须由投标人的注册造价工程师或造价员签字并加盖执业专用章。

3.2.4 技术标文件的编制

对于建设工程项目，技术标文件的编制主要是施工组织设计的编制，其主要内容如下。

（1）编制内容

编制施工组织设计应采用文字并结合图表形式说明施工方法，如拟投入本工程的主要施工设备情况、拟配备本工程的试验和检测仪器设备情况、劳动力计划等；结合工程特点，提出切实可行的工程质量、安全生产、文明施工、工程进度、技术组织等措施，同时应对关键工序、复杂环节重点提出相应技术措施，如冬雨期施工技术，减少噪声、降低环境污染的措施，地下管线及其他地上、地下设施的保护加固措施等。如有分包工程，还应列出拟分包计划表。

（2）编制图表

施工组织设计除采用文字表述外，还可附下列图表：

1）拟投入本工程的主要施工设备表。

2）拟配备本工程的试验和检测仪器设备表。

3）劳动力计划表。

4）计划开竣工日期和施工进度网络图。

5）投标人应提交施工进度网络图或施工进度表，说明按招标文件要求的工期进行施工的各个关键日期。施工进度表可采用网络图（或横道图）表示，说明计划开工日期、各分项工程各阶段的完工日期和分包合同签订的日期。施工进度计划应与施工组织设计相适应。

6）施工总平面图，说明临时设施，加工车间，现场办公室，设备及仓储，供电、供水、卫生、生活、道路、消防等设施的情况和布置。

7）临时用地表。

3.2.5　投标文件编制的注意事项

投标文件是评标委员会评价投标人的基础资料，一份内容翔实的投标文件是中标的重要前提。投标人在编制投标文件时要特别注意以下问题：

1）投标文件应按招标文件规定的投标文件格式进行编写，内容应该全面、具体，如有必要，可以增加附页对投标文件进行说明。

2）投标文件应当对招标文件有关工期、投标有效期、质量要求、技术标准和要求、招标范围等实质性内容做出响应。

3）投标文件应由投标人的法定代表人或其委托代理人签字并加盖单位公章。委托代理人签字的，投标文件应附法定代表人签署的授权委托书。

4）投标人拟在中标后将部分工作分包给其他单位完成的（前提是招标人允许分包），应在投标文件中写明。

5）如果是联合体投标，则应附有效签署的联合体协议书。

6）投标人应按招标人要求提交足额的投标保证金。

7）对招标文件提出商务部分或技术部分偏差的，应按招标文件的要求在偏差表中列明。

8）投标报价应按照招标文件的要求进行填报和封装（通常要求单独封装提交）。

9）投标文件的正本与副本应分别装订成册，并编制目录，份数应满足招标文件的要求。

3.2.6　投标文件的修改和撤回

投标文件的修改是指投标人对投标文件中遗漏和不足部分进行增补，对已有的内容进行修订。

投标文件的撤回是指投标人收回全部投标文件、放弃投标或以新的投标文件重新投标。

投标人可以修改和撤回已递交的投标文件，但必须在投标文件递交截止日期之前进行，并书面通知招标人。书面通知应按照规定的要求签字或盖章。招标人收到书面通知后，向投标人出具签收凭证。

修改的内容为投标文件的组成部分。修改的投标文件应按照规定进行编制、密封、标记和递交，并标明"修改"字样。

投标截止时间之后至投标有效期满之前，投标人对投标文件的任何补充、修改，招标人不予接受，撤回投标文件的，还将被没收投标保证金。

3.2.7　投标文件的密封和标记

1. 电子信息平台投标情况

1）网上投标文件应编制招标文件规定后缀形式的电子文件，且应使用企业 CA 加密。由于是加密文件，投标人在规定时间内网上投递投标文件后，招标人只能看到有投标文件，但是无法打开，更无法知晓具体投标人以及投标文件的情况。只能在开标时，由投标人自己在开标现场用企业 CA 打开。所以文件加密很好地避免了提前泄露投标人及投标文件的情况。

2）投标人同时应准备投标文件的电子备份光盘，以防止投标现场投标文件解密失败或其他无法打开的情形。电子备份光盘也应使用招标文件中规定后缀形式的电子文件，并与招标文件要求的书面投标文件一起密封在封袋中，封袋上应清楚地写明工程名称（有标段之分的还应另行注明标段）、投标人名称，封袋封口处加盖投标人公章。

3）未按要求密封和加写标记的投标文件，招标人不予受理。

2. 纸质文件投标情况

1）纸质投标是传统的投标方式，目前部分地区的一些小项目仍然在使用。

2）工程施工投标文件的资格审查申请书单独包封。

3）商务标、技术标、电子文件光盘分别密封在三个内层投标文件密封袋中，再密封在同一个外层投标文件密封袋中。

4）在投标文件的封套上应清楚地标记"正本"或"副本"字样，封套上应写明规定的其他内容。

5）未按规定要求密封和加写标记的投标文件，招标人不予受理。

3.2.8　投标文件的递交

1．电子信息平台投标文件的递交

投标人应在规定的投标截止时间前，向**电子招标投标交易平台**递交企业 CA 加密后的电子投标文件，并同时递交密封后的投标备份文件。投标备份文件是否提交由投标人自主决定。

因电子招标投标交易平台故障导致开标活动无法正常进行时，招标人将使用投标备份文件继续进行开标活动，投标人未提交投标备份文件的，视为撤回其投标文件，由此造成的后果和损失由投标人自负。电子招标投标交易平台故障指的是非投标人原因造成所有投标人电子投标文件均无法解密的情形。部分投标文件无法解密的，不适用该条款。因投标人原因造成投标文件在规定时间内未完成解密的，该投标将被拒绝。

除投标人须知前附表另有规定外，投标人所递交的投标文件（除原件外）不予退还。投标截止时间后，未上传或未送达指定地点的投标文件，招标人不予受理。

投标截止时间前，投标人的法定代表人或其委托人、投标项目负责人应在开标会议签到表上签名证明其出席。否则，其投标文件不予接收和解密。

2．纸质投标文件的递交

（1）投标文件的提交截止时间

招标文件会明确规定投标文件提交的时间。投标文件必须在招标文件规定的投标截止时间之前送达。

（2）投标文件的送达方式

投标人可以直接送达，即投标人派授权代表直接将投标文件按照规定的时间和地点送达；也可以通过邮寄方式送达，但通过邮寄方式送达是以招标人实际收到投标文件时间为准，而不是以邮戳时间为准。

（3）投标文件的送达地点

投标人应严格按照招标文件规定的地址送达投标文件，特别是采用邮寄送达方式的。投标人因为递交地点发生错误而逾期送达投标文件的，将被招标人拒绝接收。电子标书，只要在电子交易系统提交后，就相当于已经送达地点。

（4）投标文件的签收

投标文件按照招标文件规定的时间送达后，招标人应签收保存。

《工程建设项目施工招标投标办法》规定，招标人收到投标文件后，应当向投标人出具标明签收人和签收时间的凭证，在开标前任何单位和个人不得开启投标文件。

3. 投标文件的拒收

如果投标文件没有按照招标文件要求送达，招标人可以拒绝受理，《工程建设项目施工招标投标办法》规定，投标文件有下列情形之一的，招标人应当拒收：

1）逾期送达。

2）未按招标文件要求密封。

4. 投标文件的修改与撤回

1）投标截止时间前，投标人可以撤回已递交的投标文件。

2）投标人撤回已递交投标文件后，如要再投标，须重新上传和送达投标文件。

3）修改后的投标文件应按规定进行编制、密封、标记和递交。

3.2.9 投标策略

投标策略是投标单位使用的、在合法的前提下能够提升项目的中标率和利润率的技术方法。工程招投标市场目前仍属于卖方市场，市场中项目少，承包商多。所以投标单位首先要保证自身能够中标，其次是能保证自身的利润率，保证中标率和利润率是企业的生存之道。每家投标单位都有其自身的特点和优势，如何利用自身的特点和优势进行投标和投标文件的编制就需要一定的投标策略。

常见的投标方法包括：**不平衡报价法、多方案报价法、区别对待报价法、增加建议方案法、突然降价法**。其中，不平衡报价法是最常用的方法，其他几种方法有相应的适用范围，不是在所有的投标中都可以使用，如果不在适用范围内使用或使用不恰当，则可能导致违法行为。

1. 不平衡报价法

不平衡报价是指在一个项目的投标总报价基本确定后，保持工程总价不变，适当调整各项目的工程单价，在不影响中标的前提下，使得结算时得到更好的经济效益的一种报价策略。但是，不平衡报价法也不可以过度使用，一定要控制在合理幅度内（一般在10%左右）。以免招标人反对，甚至导致废标。有时招标人会挑选出报价过高的项目，要求投标者进行单价分析，并围绕单价分析中过高的内容进行压价，承包商将得不偿失。

不平衡报价法的适用情况如下：

1）**能够早日结账收款的项目，报高价**。资金都是具有时间价值的，能够早日结账收款的项目（如开办费、土石方工程、基础工程等）可以报价高一些，以利于资金周转。调高的部分，可以通过后期工程项目（如设备安装工程、装饰工程等）适当调低报价，从而保持总报价的平衡。

2）**预计后期工程量会增加的项目，报高价**。经过工程量核算，发现招标文件中工程量清单少算或漏算的项目，可以报高价。因为目前这部分工程量并不多，单价报高一点，对总价影响并不大，这样在最终结算时，按照实际工程量结算就可多获利。发现设计图纸不明确，估计修改后工程量要增加的，可以报高价。

采用不平衡报价法时，一定要对工程量清单中的工程量仔细核对、分析，特别是对报低单价的项目，如项目执行时工程量增多将造成承包商的损失。

3）**总价合同风险较大，报高价**。在单价包干混合制合同中，有些项目招标人要求采用包干报价时，宜报高价。一是因为这类项目多半有风险；二是因为这类项目在完成后可全部按报价结账，即可以完全结算款项。而其他单价项目则可适当降低报价。

4）**暂定项目，可能报高价**。暂定项目又叫作任意项目或选择项目，对这类项目要具体分析，因为这类项目要等开工后再由建设单位研究决定是否实施、由哪一家承包商实施。当工程不分包，只由一家承包商施工时其中肯定要做的单价可高一些，不一定做的则应低一些；当工程分包，该暂定项目由其他承包商实施时，不宜报高价，以免抬高总报价。

2. 多方案报价法

一般情况下，一份投标书只允许有一个投标方案，否则是无效投标。所以多方案报价法的使用前提有两种情况：

1）业主要求按某一招标方案报价后，投标者可以再提出几种可供业主参考与选择的报价方法。

2）招标文件中有写明，允许投标人另行提出自己的建议。

除此以外，有经验的投标人一般会提出某种颇具吸引力的建议，并相应降低报价。

对于公开招标项目，由于投标人的方案不一致会导致招标时间过长，评审复杂，因此公开招标项目中不太采用多方案报价法。

对于非公开招标项目，特别是直接发包项目的特定项目，招标需要投标人提供多方案的，投标人才能采用多方案报价法。如工期减，但费用少量增加，或者工期不减，费用不增加。

3. 区别对待报价法

区别对待报价法是针对不同的项目或项目的不同实际情况，对某一些地方（或部分）报高价、某一些地方（或部分）报低价的区别对待报价的方法。一般来说，报高价的原因是项目存在的风险较大，属于合理的项目风险管理措施。

区别对待报价法和不平衡报价法看起来有点类似，但实质上并不相同。不平衡报价法一定是在维持总报价相对不变的前提下，进行不同分部分项工程报价调整。而区别对待报价法并不用考虑总报价不变，只通过考虑工程的实际情况和项目的实际处境来决定报价的高低，是由项目存在的风险情况决定的。风险小，报价低；风险大，报价高。

（1）可以报价高些的情况

1）施工条件差、场地狭窄、地处闹市。

2）专业要求高的技术密集型工程，而本公司又有专长。

3）总价低的小工程以及自己不愿意做而被邀请投标的。

4）特殊的工程，如港口码头等。

5）业主对工期要求紧的。

6）支付条件不乐观的。

（2）可以报价低些的情况

1）施工条件好的，工作简单、工程量大的。

2）一般公司都能做的。

3）本公司急于打入某一市场、某一地区。

4）公司任务不足，有设备闲置。

5）公司在附近有工程，可以共享一些资源。

6）对手多，竞争激烈。

7）支付条件好。

4．增加建议方案法

有的招标文件中规定，投标人可以提一个建议方案，即可以修改原设计方案，提出投标者的方案。

这种新方案或是降低总造价，或是缩短工期，或是改善工程的功能。建议方案不要写得太具体，要保留方案的技术关键。

投标人应抓住这样的机会，组织专家仔细研究，提出好的建议方案。

5．突然降价法

突然降价法，即采用降价系数调整报价。降价系数是投标人在投标报价时，预先考虑的一个未来可能降低报价的比率。在投标截止前，再投递补充文件。

3.3 工程项目投标模拟实训

工程投标实训的主要内容包括：

1）投标人注册入库。

2）投标报名。

3）投标文件的编制和上传。

4）投标人提出疑问。

投标模拟实训的目的是让学生了解投标人（交易乙方）所需要做的工作，模拟投标工作人员的业务流程。在实训开始之前，需要先让学生了解投标人在整个招投标环节中扮演的角色及主要工作，以及涉及的一些法律法规、资质说明等。

模拟实训团队配置建议及准备工作：

1）指导老师一名。

2）一个班级的所有学生都参与实训，每个学生分别注册一个投标人企业，企业名称可以为×××（学生姓名）的公司，注册时，其他信息可以参考"实训用参考信息"中的相关信息资料。其中，涉及统一信用代码之类的编号信息，为防止重复，后三位或后四位数字组合可由学号代替。

3.3.1 投标单位注册入库

企业注册入库是进行项目投标前的重要准备工作。其目的是确保投标单位能够在公平公正、合法合规的行业监管下进行投标。需要提交企业相应的资质证明材料以及相关信息，并经过相关主管部门的审核，审核完成后，该企业才能够取得投标的资格。

在实训过程中，学生模拟投标单位，实训教师模拟主管部门。学生将自己模拟的企业信息注册并录入招投标实训系统中，就完成了投标单位注册入库，只有完成了投标单位注册入库，才能够取得投标资格，从而进入下一个实践操作环节。

1. 投标单位的注册

打开新点高校招投标实训系统，选择对应的省份及学校（图3-1），网址如下：http://119.3.248.198/TPBidder/huiyuaninfomis2/pages/oauthlogin/oauthindex。

图3-1 登录界面选择省份和高校

在实训系统登录界面中，单击"**免费注册**"按钮（图 3-2），在注册界面单击"**我已阅读并同意该协议**"按钮（图 3-3）。

图3-2　注册界面入口

图3-3　注册界面信息

填写相应的注册信息（图 3-4）。输入相应的"**登录名**"并设置密码。"**登录名**"下面有相应的提示："**请用单位全称中文名进行注册**"。如，输入"山东工程管理有限公司"，旁边会有绿色字体提示："**该登录名未被注册，可以注册**"，但如果输入的登录名被用过，旁边会有红色字体提示，则需要更换登录名。

输入"**单位名称**"。此处"**单位名称**"可以直接复制前面设置的"**登录名**"。

输入"**编号**""**姓名**""**联系电话**"。此处按照实训学校学生的编号、真实姓名和手机号码输入即可。

输入"**验证码**"。

以上步骤操作完成，注册成功。

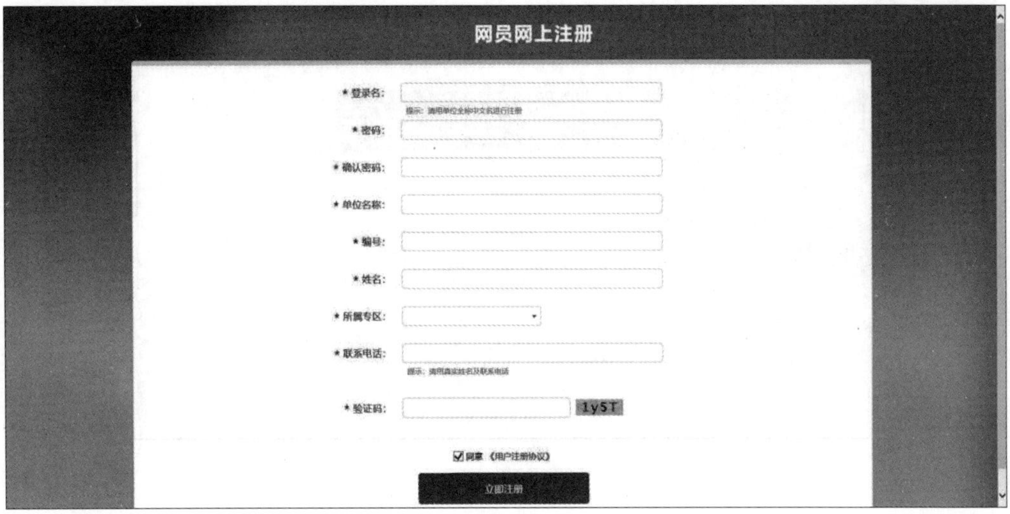

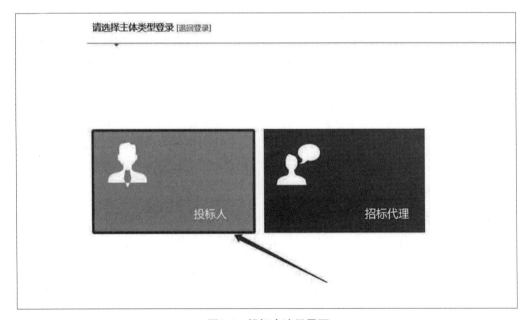

图3-4　注册信息填写内容

　　完善诚信库资料。登录后进入系统，会出现"**投标人**"和"**招标代理**"两个选择（图3-5）。由于我们目前注册的是投标人，所以选择"**投标人**"，选择后系统提示如图3-6所示。

图3-5　投标人注册界面

图3-6   投标人注册入口

2. 投标信息管理

投标信息管理的内容包括："**基本信息**""**业务类型**""**职业人员**""**经营资质**""**人员职业资格**""**投标业绩**""**企业获奖**""**各类证书**""**企业财务**""**投标所需材料**""**信息披露**""**信用评价**""**奖惩记录**""**主体奖惩记录**""**人员奖惩记录**""**未验证的修改**""**变更历史**"。

以上所有信息资料的填写，都需要配合利用新点软件提供的"**实训用参考信息**"资料包中的资料进行修改填写。打开"**实训用参考信息**"文档，进行如下操作。

（1）基本信息

①"**基本情况**"填写。

单击左上角"**修改保存**"按钮（图 3-7），参考"**实训用参考信息**"文档资料中的信息进行填写。

②"**营业执照**"填写。

"**营业执照号码**"参考"**实训用参考信息**"文档资料，并随机修改后几位数字。

"**单位性质**"在下拉列表中进行选择，无特殊要求。

"**注册资本**"一般填写"**1000 万**"左右即可，无特殊要求。

"**注册资本币种**"一般选择"**人民币**"，无特殊要求。

"**营业期限**"包括从 ×× 年 × 月 × 日至 ×× 年 × 月 × 日，这里只需要填写开始时间，开始时间建议设置为前几年，结束时间无须填写，说明本企业正在营业期间。

③"**单位简介**"填写。

图3-7 投标人信息完善入口

此处需要描述投标公司的情况，可以编写几句关于公司的简介，建议设置一些具有代表性的数值，便于后期辨识。此部分为非必填项。

以上信息录入后，单击上方"**下一步**"按钮（图 3-8），进入电子件管理界面。

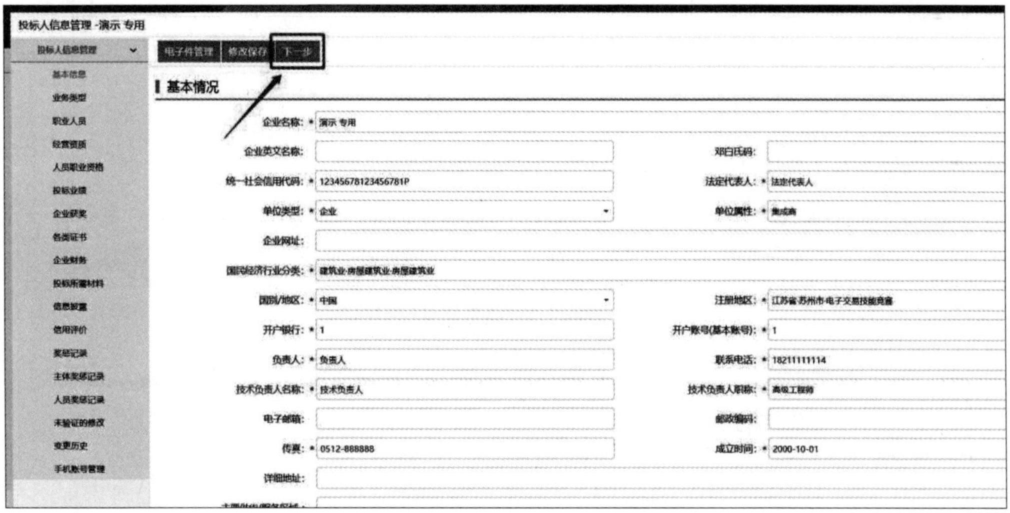

图3-8 投标人信息电子件管理入口

单击左上角"**电子件管理**"按钮（图 3-9），按照系统提示，上传相关电子件原件。选择"**诚信库参考资料电子件（投标）**"中的电子件图片进行录入。找到对应的资质证书扫描件，单击"**打开文件**"按钮，系统会自动上传选中的资质证书扫描件。电子件全部上传完成后，提交审核（图 3-10），电子件列表中会出现"**待验证**"红色字样，这里需要实训教师进行后台操作，验证通过（图 3-11）。

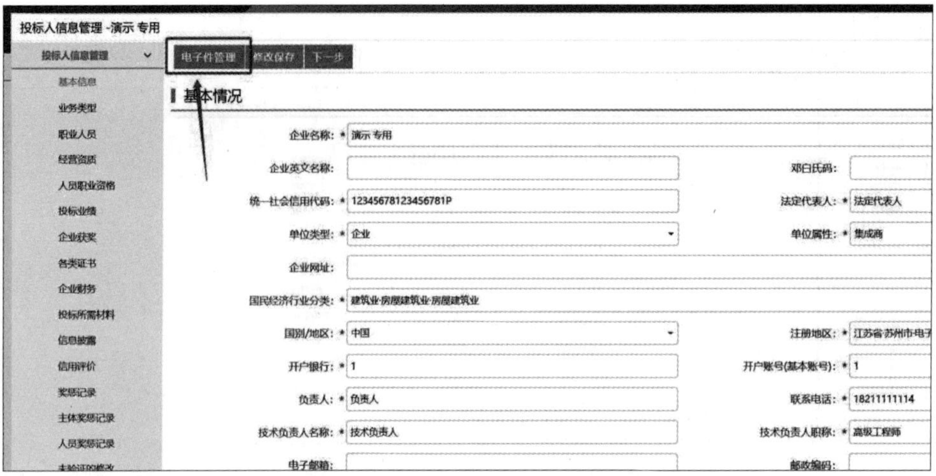

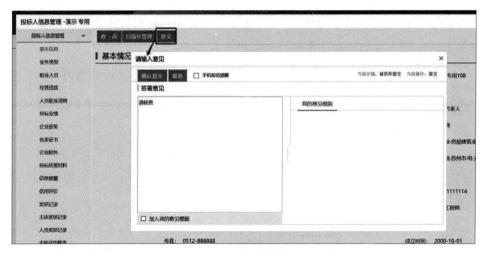

图3-9　投标人信息电子件管理

图3-10　提交审核

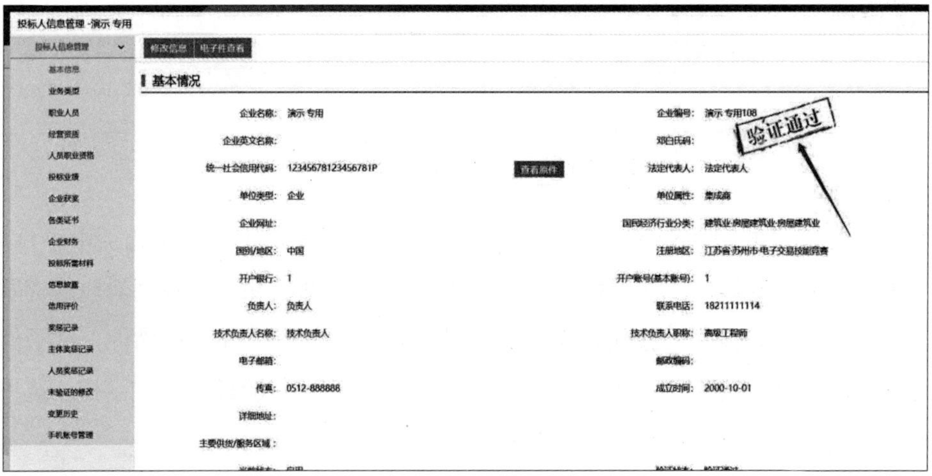

图3-11　验证通过

（2）业务类型

此项是对注册的投标单位所从事的业务类型进行的说明，可以添加其他业务类型。其中**"未添加业务类型"**包括："**监理单位**""**勘察单位**""**设计单位**""**供应商**""**项目管理**""**咨询企业**""**土地拍卖**""**竞买人**"，勾选即可（图3-12）。但如果该单位仅从事单位注册的那一项业务，则该项无须勾选。单击**"添加保存"**→**"确定"**按钮即保存成功（图3-13）。

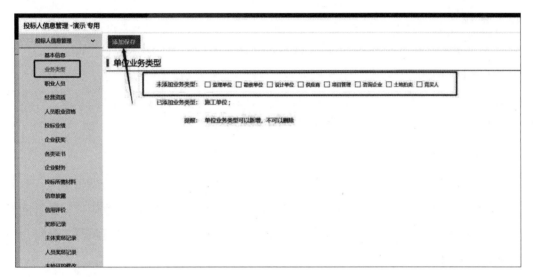

图3-12　添加单位业务类型

图3-13　保存添加的单位业务类型

在**"已添加业务类型"**中系统会直接显示投标单位注册时选择的业务类型（图3-14），这里无须填写。

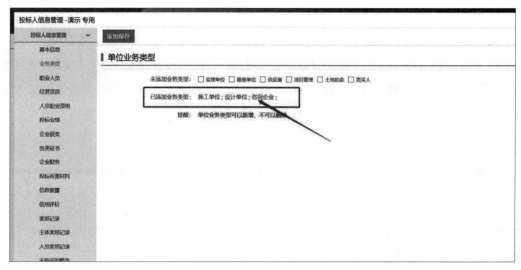

图3-14　已添加业务类型

（3）职业人员

单击"**新增职业人员**"按钮（图3-15），对投标单位相应的人员进行编辑录入。打开"**实训用参考信息**"文档，第二部分就是"**职业人员**"信息，对其进行复制、粘贴并随机修改几位数字即可。注意，"**出生年月**"要根据修改过的身份证号码进行填写，与身份证号码中出生年月要对应。

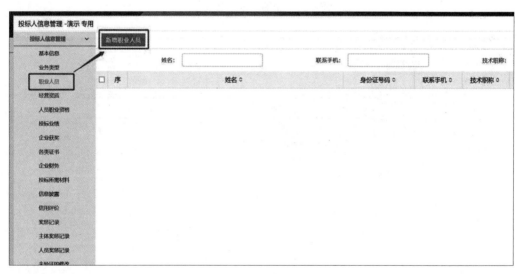

图3-15　新增职业人员

"**职务**"包括：项目经理、施工员和安全员。手动输入即可。

"**所在行政区域**"要填写注册时实训学校所在的省市区域。

对于"**从业开始时间**"的填写，如果是项目经理，按实训时间往前推8年左右，如果是施工员或安全员，按实训时间往前推 2 年左右即可。

"**技术职称**"，在实训系统中，项目经理技术职称默认是"**高级工程师**"。

信息录入完成后，进行电子件管理录入。

对于新增人员，实训中正常应包括 3 个人：项目经理、施工员和安全员。需要逐个新增，并按照上面的流程录入信息。

录入完后，单击"**电子件管理**"按钮（图 3-16），打开相关电子件管理列表（图 3-17）。

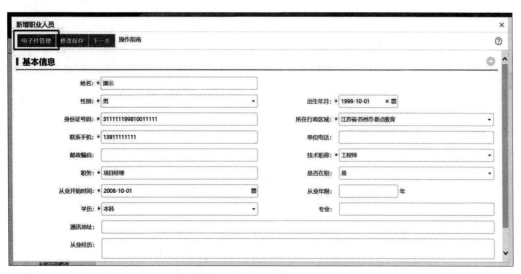

图3-16　新增职业人员电子件管理

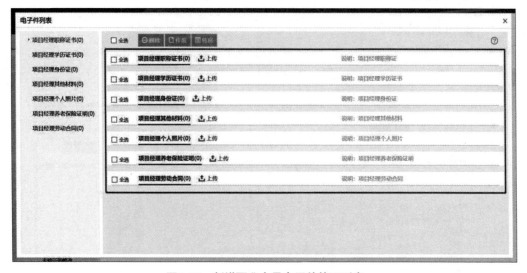

图3-17　新增职业人员电子件管理列表

各项资质证明上传完成后，单击"**下一步**"（图 3-18）→"**提交**"（图 3-19）按钮。教师在后台进行审核验证，审核通过会显示验证状态为"**验证通过**"（图 3-20）。

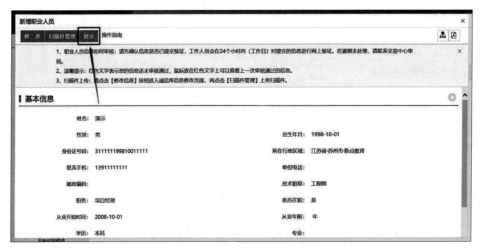

图3-18 职业人员信息录入完成并进入下一步

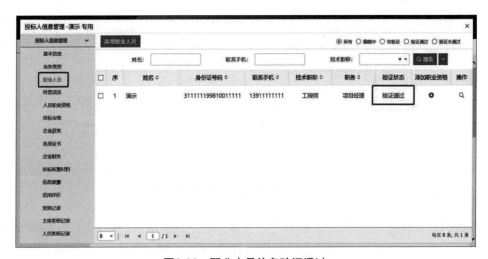

图3-19 职业人员信息提交

图3-20 职业人员信息验证通过

（4）经营资质

单击左上角**"新增经营资质"** 按钮（图 3-21），按照系统提示，打开**"实训用参考信息"** 文档，逐步录入信息即可。

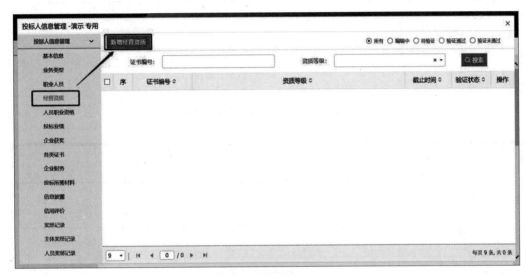

图3-21 新增经营资质

经营企业的**"资质等级"** 是从下拉列表中选择的（图 3-22），实训中，一般选择**"施工总承包"** → **"建筑工程"** → **"建筑工程一级"**。

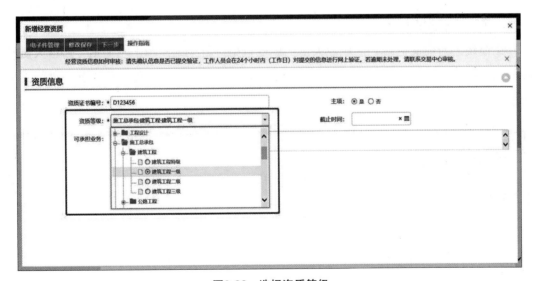

图3-22 选择资质等级

信息录入完毕，进入电子件管理流程，单击**"电子件管理"** 按钮（图 3-23），会出现相关电子件列表（图 3-24）。

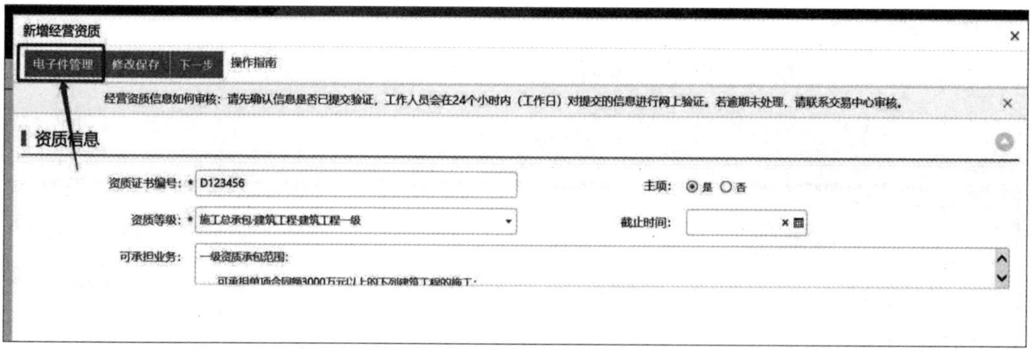

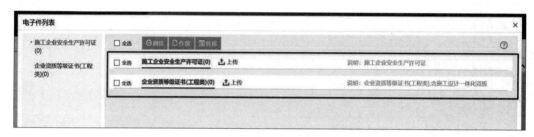

图3-23   经营资质电子件管理

图3-24   经营资质电子件列表

各项电子件上传完成后，进行新增经营资质的提交，首先单击"**下一步**"按钮（图 3-25），然后单击"**提交**"按钮（图 3-26），提交后，审核通过会显示"**验证通过**"字样（图 3-27）。

（5）人员职业资格

该模块是对前面已录入的职业人员的职业资格进行录入。单击左上角"**新增人员职业资格**"按钮（图 3-28），再单击对应人员一行最后面的"**+**"按钮（图 3-29）进行人员添加。

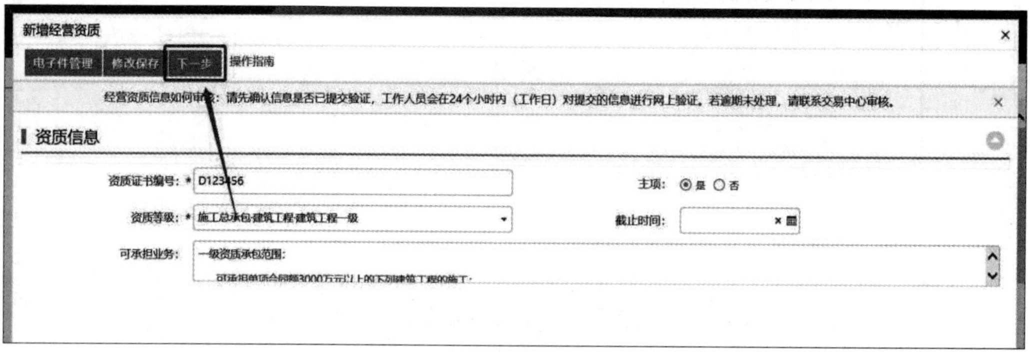

图3-25   经营资质提交第一步

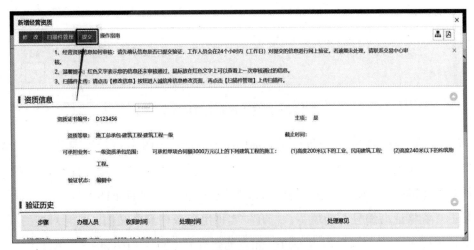

图3-26　经营资质提交第二步

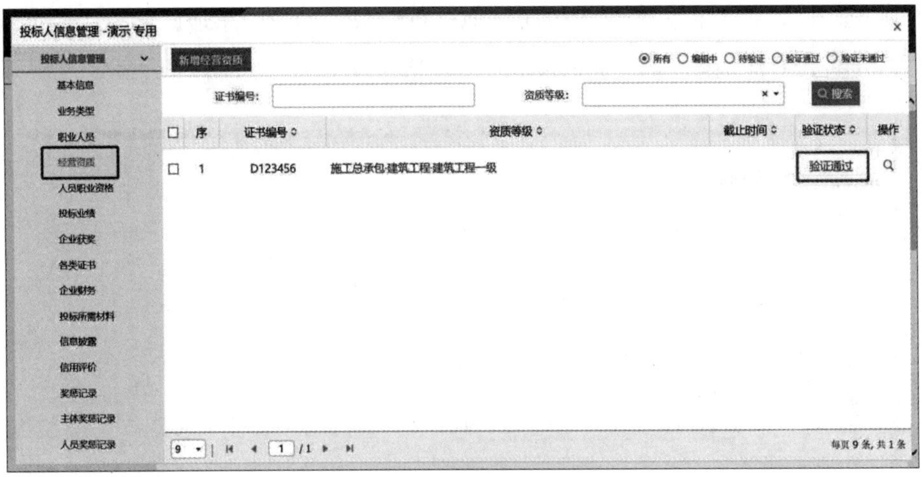

图3-27　经营资质验证通过

图3-28　新增人员职业资格入口

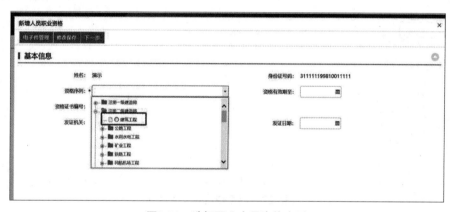

图3-29 新增人员职业资格添加

"**资格序列**"在下拉列表中进行对应资格序列的选择（图 3-30），如施工员、安全员，选中即可。其中安全员分为 A、B、C 三类证书的选择，实训中一般选择 C 证，如，"**安全生产考核合格证（C 证）**"，对应的资料包中提供的也是 C 证证书的编号。

对于"**资格证书编号**"的填写，打开"**实训用参考信息**"文档，找到对应的人员职业资格证书编号，修改部分内容即可，如"**苏建安 C（2013）0409625**"，编码中的数字可以不用修改，前缀是各省的简称，资料包中提供的是江苏省的信息，所以以"**苏**"开头，实际填写时，需要根据实训学校所在地进行修改。如，山东地区学校，应该修改为以"**鲁**"开头，浙江地区学校，应该修改为以"**浙**"开头。

图3-30 选择职业人员资格序列

信息录入后，进行电子件管理，单击"**电子件管理**"按钮（图 3-31），打开电子件列表（图 3-32）。

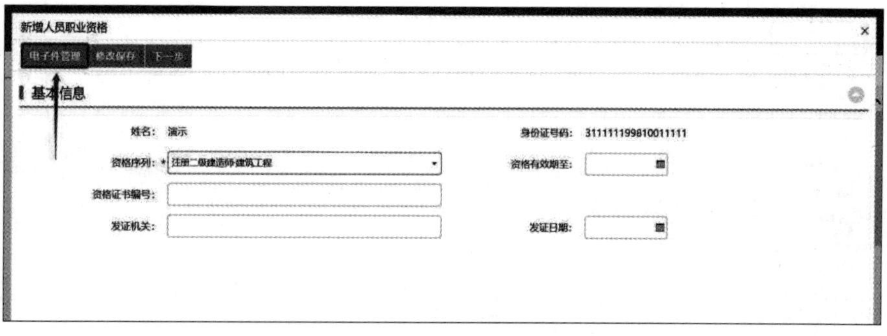

图3-31 人员职业资格电子件管理

图3-32　人员职业资格电子件列表

电子件上传完成后，单击"**下一步**"按钮（图3-33）进入提交界面，单击"**提交**"按钮（图3-34）等待验证，验证通过后显示"**验证通过**"字样（图3-35）。

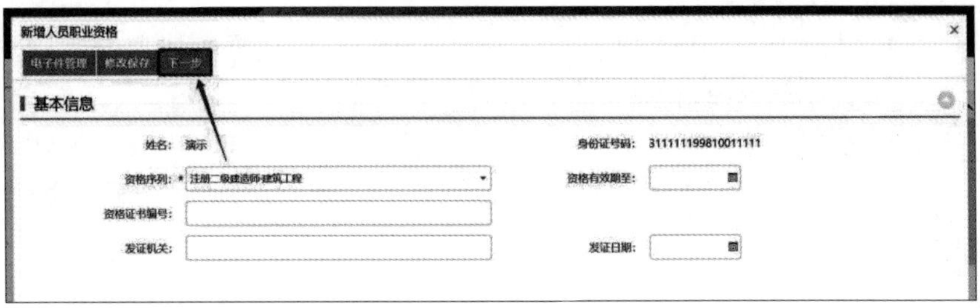

图3-33　人员职业资格提交第一步

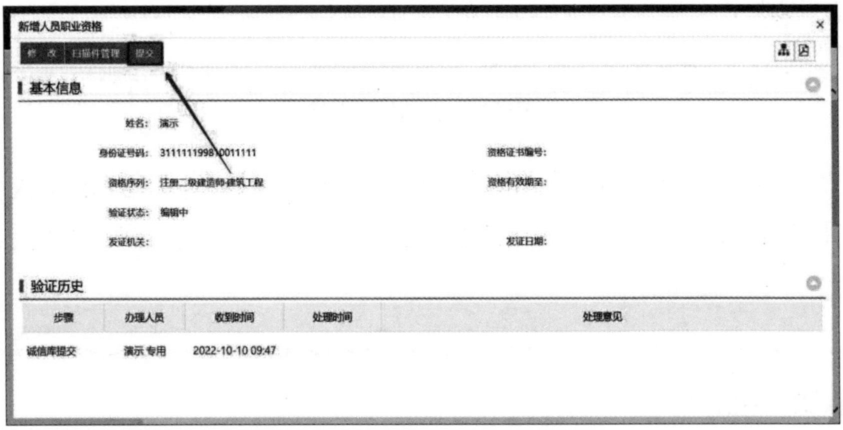

图3-34　人员职业资格提交第二步

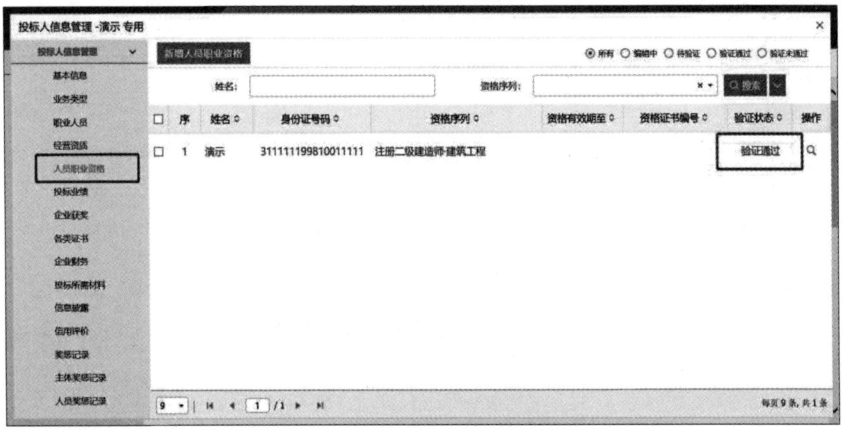

图3-35　人员职业资格验证通过

（6）投标业绩

在招标文件中，招标人一般会对投标人的业绩有所要求，有的是招标文件的硬性规定，是需要投标人对招标文件做出实质性响应的。

选择"**投标业绩**"→"**新增投标业绩**"（图3-36）。

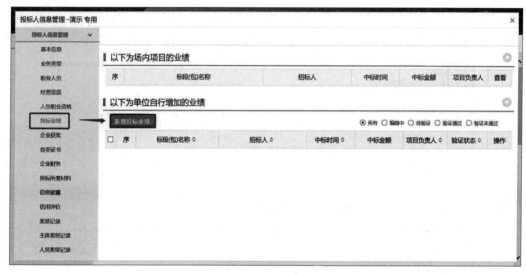

图3-36　新增投标业绩

新增信息填写完成后，单击左上角"**电子件管理**"按钮（图3-37），进入电子件管理流程。电子件上传完成后，单击"**提交**"按钮（图3-38）等待验证，验证通过后显示"**验证通过**"字样（图3-39）。

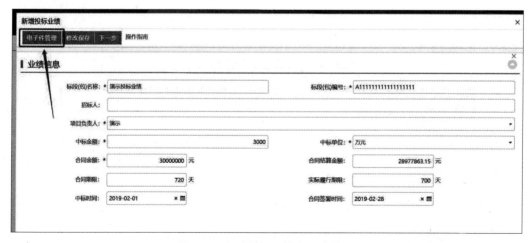

图3-37　新增投标业绩电子件管理

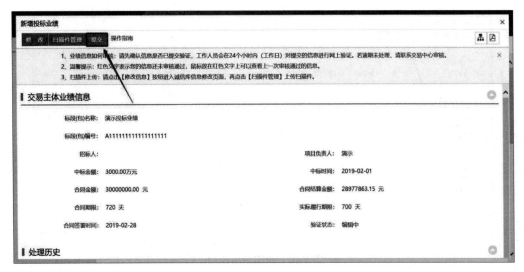

图3-38　新增投标业绩提交

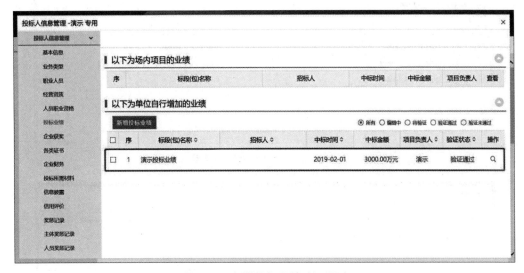

图3-39　新增投标业绩验证通过

（7）企业获奖

招标文件中有时候会对投标人有获奖要求，例如，近几年获得的各种级别的奖项数量等，江苏地区建筑公司经常获得的奖项是"姑苏杯""扬子杯"。投标人在编制投标书的时候，要对招标人在招标文件中提出的获奖或证书的要求，进行实质性响应。在评标中可能会对企业获奖情况给予一定的加分，投标单位应该认真对待，努力完善和积累资料。

选择"**企业获奖**"→"**新增奖项**"，进行企业获得奖项的具体资料填报（图3-40）。填报完成后，进入电子件管理流程，单击"**电子件管理**"按钮（图3-41），选择电子件列表中对应的内容进行上传（图3-42），上传完成后单击"**提交**"按钮等待验证（图3-43），验证通过后会显示"**验证通过**"字样（图3-44）。

图3-40　新增企业获奖

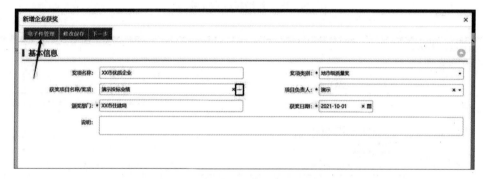

图3-41　新增企业获奖电子件管理

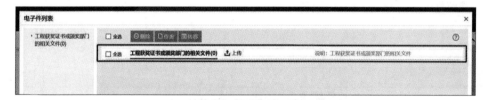

图3-42　新增企业获奖电子件列表

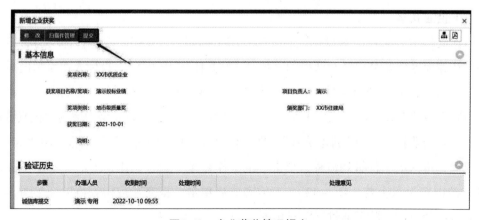

图3-43　企业获奖情况提交

图3-44 企业获奖情况验证通过

（8）各类证书

投标文件中需要附投标人的各类证书，这也是投标人证明自身实力和资质的重要依据，仍然通过新增的方式进行添加。选择"**各类证书**"→"**新增证书**"（图 3-45）。具体信息录入完成后，仍然需要进行电子件管理，最后需要提交验证，步骤与前面类似。

图3-45 新增证书

（9）企业财务

投标文件中，招标人需要了解投标人的财务状况，而投标人也需要向招标人证明自身的财务能力，所以需要进行企业财务状况的录入。选择"**企业财务**"→"**新增财务**"（图 3-46）进行信息填写，实训系统中可以直接利用资料包完成信息录入。

图3-46　新增财务

（10）投标所需材料

该模块包括三部分内容："**已承接项目和新接项目情况**""**诉讼和仲裁情况**""**其他投标用证明材料**"。都是通过新增的方式，进行相关信息的录入（图 3-47）。

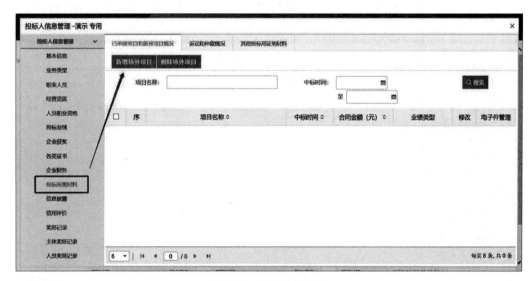

图3-47　投标所需材料

（11）信息披露

该模块是投标人向招标人进行的一些信息情况的说明。选择"**信息披露**"→"**新增信息披露**"（图 3-48）进行添加，这里需要手动输入一段文字进行相关信息披露。

图3-48　新增信息披露

（12）信用评价、奖惩记录

这两项是不用填写的，正常情况下，会由政府相关行政管理机构通过信息共享直接推送出相关企业的信用等级评价。只要前面录入了相关投标单位的名称，这里系统就会自动显现行政管理机构对企业的信用评价以及曾经的奖惩记录。如果有特殊情况需要补充，可以通过新增的方式进行录入（图3-49）。

图3-49　新增奖惩记录

（13）主体奖惩记录、人员奖惩记录

主体奖惩记录指的是投标单位曾经受到的奖惩情况。人员奖惩记录指的是投标单位内的相关人员曾经受到的奖惩情况。一般情况下，每个单位在每个地区都有相应的奖惩电子档案记录，电子招标投标交易平台会自动获取相关单位和个人的奖惩信息。

（14）未验证的修改

该模块是为了帮助投标单位进行后期的信息维护和修改。页面右上角会显示两种状态："**待验证**""**验证未通过**"。如果是"**待验证**"的状态，说明目前前面录入的企业信息还没有推送出去，可以直接进行修改；如果是"**验证未通过**"的状态，说明前面有信息录入有误或者不符合要求，被公共资源交易中心（或实训教师）退回，需要修改。

（15）变更历史

该模块可以展示前面各部分录入的信息修改变更历史，通过在右上角选择不同的子项，可以分别查看变更历史。

以上所有内容录入完成后，单击"**一键提交**"按钮进行提交。提交后，重新打开一个子项进行查看，会发现在页面右上角出现"**待验证**"的字样。这里在实际工作中需要通过公共资源交易中心信息科管理人员去验证，在实训系统中需要通过实训教师审核通过验证。当实训教师审核通过后，刷新网页，会在页面右上角出现"**验证通过**"的字样。只有审核验证通过后，才可以正式进入投标单位的业务操作模块。

3.3.2　投标报名

完成投标单位的注册入库后，也就保证了投标单位的身份合法合规。经过身份验证的投标单位，刷新系统后，会出现图3-50所示界面，界面所示内容即为投标涉及的相关工作，主要包括三部分内容："**招标公告**""**我的项目**""**中标项目**"。完成前两项的填写，便完成了投标报名工作。

1. 招标公告

在左上角"▲"的下拉列表框中有三个选择："**全部**""**公告中**""**公告截止**"（图3-50）。其中，"**全部**"表示所有的公告都会展示出来；"**公告中**"表示正在公告的招标项目；"**公告截止**"表示公告已经截止了的招标项目。在实训中，应该选择"**公告中**"。

图3-50　招标公告

选中实训环节中编制的对应时间段内的招标文件，单击"**我要报名**"按钮（图3-51），然后完善投标信息。

图3-51　投标报名

（1）标段（包）信息

该部分是招标文件编制时录入的有关招标项目的具体信息，无须录入，系统自动同步呈现。

（2）投标资格条件

该部分是投标单位注册入库时录入的相关资格条件的具体信息，无须录入，系统自动同步呈现。

（3）填写信息

插入 CA 锁，选中投标单位注册入库时项目拟定的项目负责人，需要完善"**项目负责人专业**""**证件号码**""**身份证号码**"。

"**联系人**"和"**联系手机**"是系统自动读取呈现的，无须录入。

以上几部分信息全部录入完成后，单击左上角"**我要投标**"按钮（图 3-52）。

图3-52　投标报名信息填写

2. 我的项目

完成投标报名后，在"**我的项目**"中找到对应的投标项目（图 3-53）。

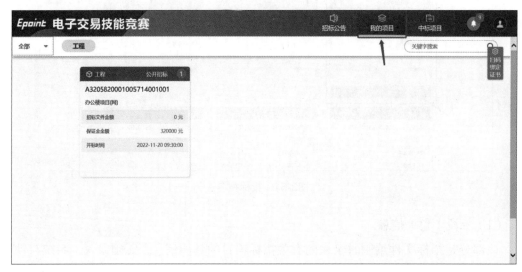

图3-53 我的项目

单击"**项目流程**"按钮（图 3-54），系统页面显示的内容，就是一个投标单位需要完成的投标过程，包括四个阶段的工作内容："**投标前阶段**""**投标阶段**""**开 / 评标阶段**""**定标后阶段**"。

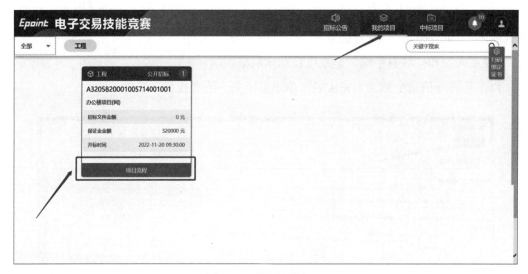

图3-54 项目流程入口

"**投标前阶段**"投标单位需要完成的投标工作包括三部分内容："**招标文件领取**""**答疑澄清文件领取**""**控制价文件领取**"。

"**投标阶段**"投标单位需要完成的投标工作包括两部分内容:"**投标保证金**""**上传投标文件**"。

"**开/评标阶段**"投标单位需要完成的投标工作包括两部分内容:"**开标签到解密**""**评标澄清回复**"。

"**定标后阶段**"投标单位需要完成的投标工作包括五部分内容:"**结果通知书查看**""**在线考试**""**考试查询**""**在线练习**""**练习查询**"。

单击"**招标文件领取**"按钮(图3-55)。

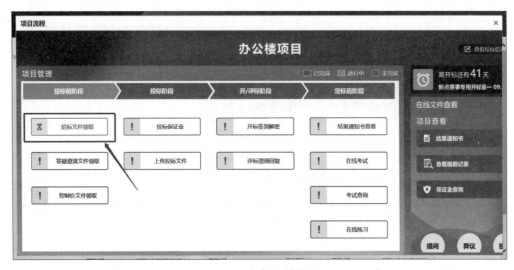

图3-55 招标文件领取

单击"**网上支付**"按钮(图3-56),由于前面设置了"**招标文件工本费**"为"0.00元",所以这里可以直接下载。但现实中,有时是需要付费才能下载的。

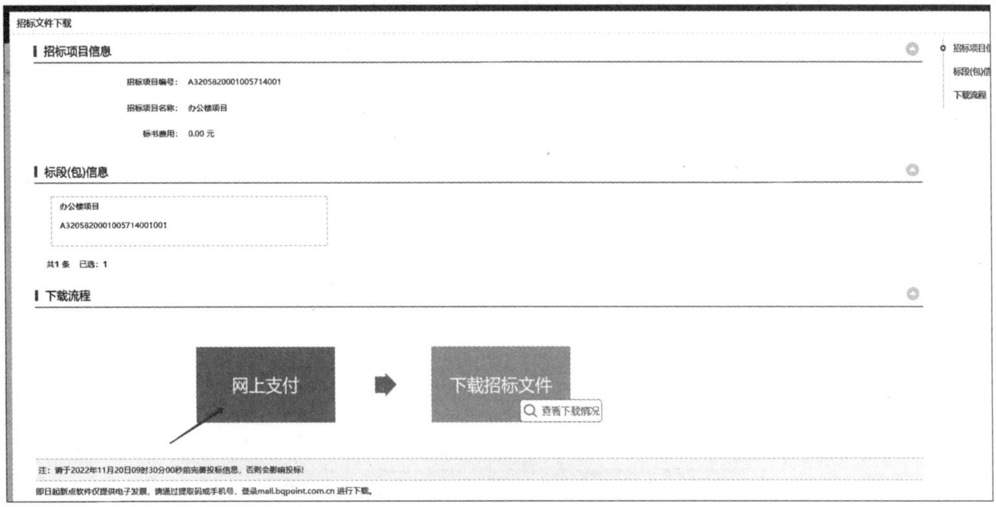

图3-56 招标文件下载

　　单击"**下载招标文件**"按钮（图 3-57），进入下载界面，单击所要下载文件右侧的下载标志（图 3-58），选择保存路径进行下载（图 3-59），最终完成招标文件的下载（图 3-60）。

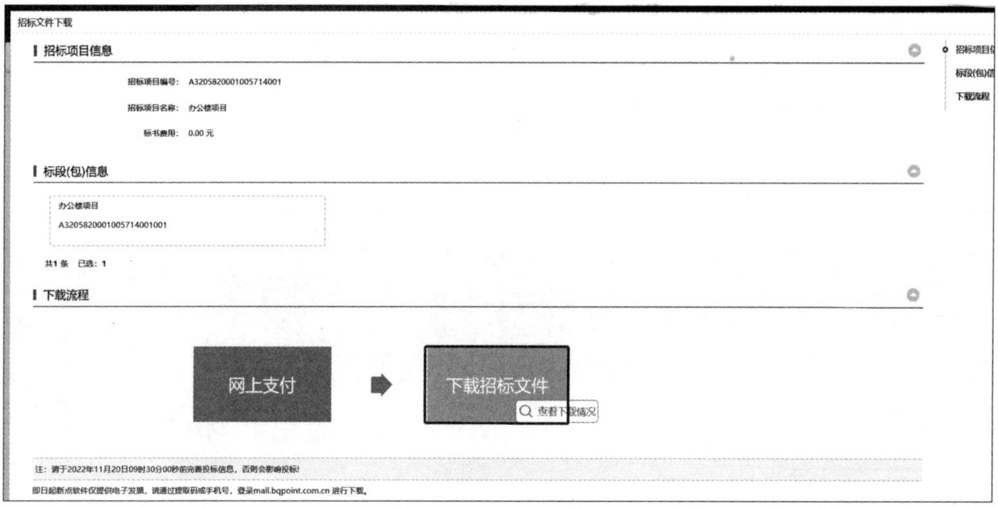

图3-57　招标文件下载入口

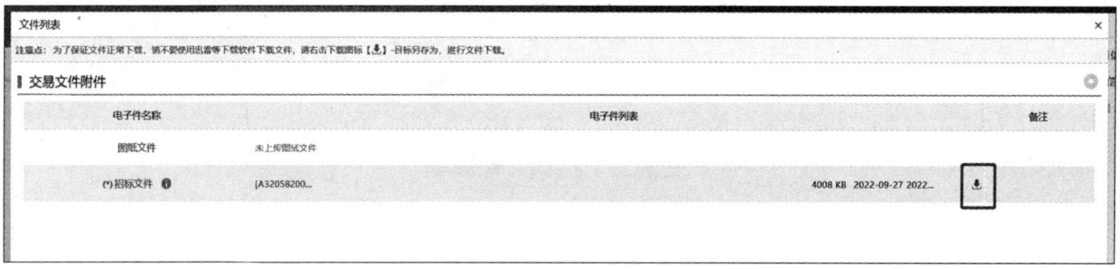

图3-58　招标文件下载

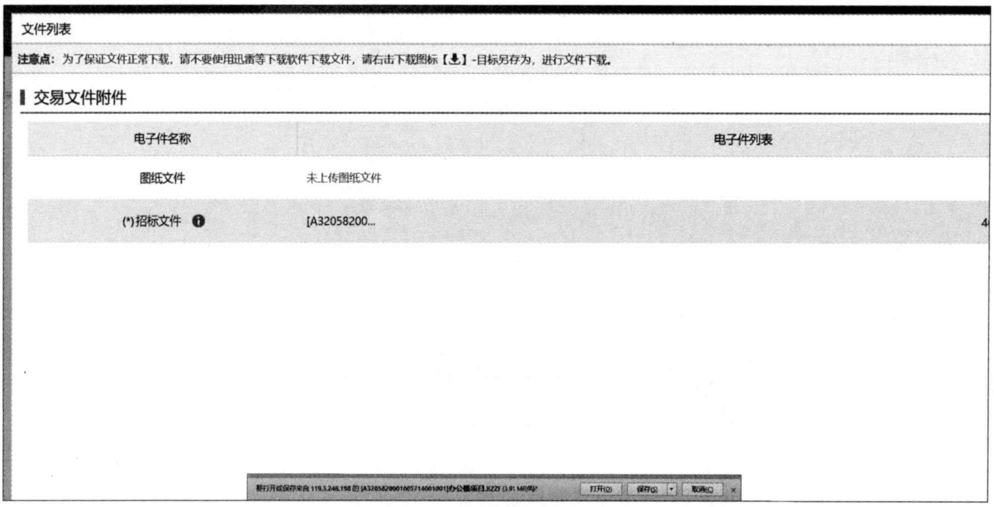

图3-59　招标文件下载保存

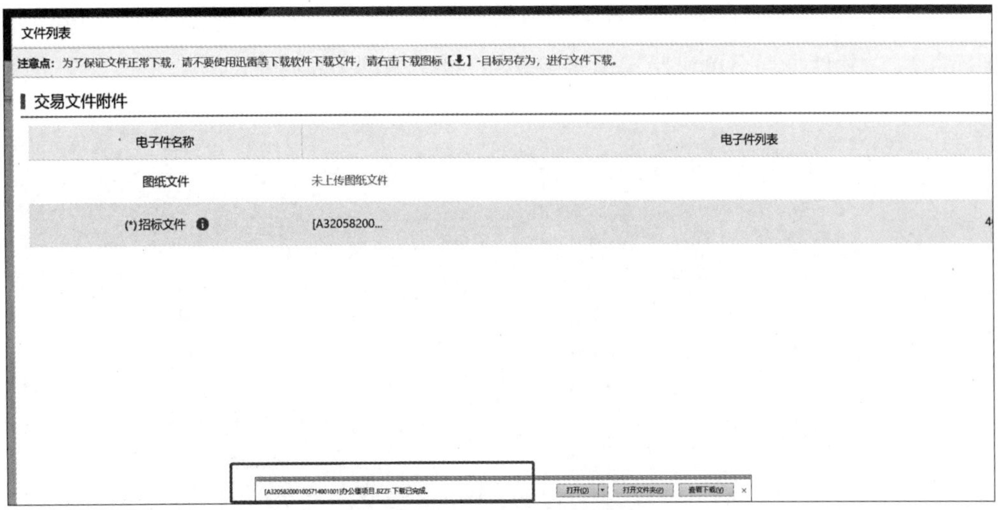

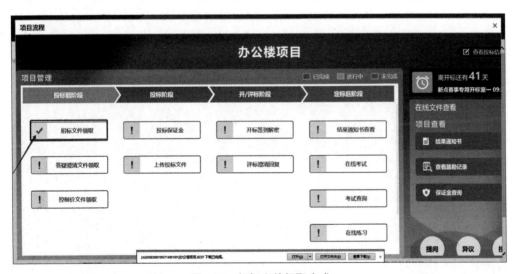

图3-60 招标文件下载完成

此时，在系统的项目流程中，"招标文件领取"前面显示"√"（图 3-61），表示已经完成，单击该按钮会提示打开文件。

图3-61 招标文件领取完成

3.3.3 投标文件的编制和上传

完成投标报名后，便获得了投标资格，可以进行投标文件的编制工作了。投标文件的编制是整个投标实训过程中最为重要的一环，学生应明确如何在相应招标文件的要求下编制投标文件，如何编制施工组织设计、管理机构表、类似项目业绩等。在进行文件编制时，注意要在承诺书等文件上签字盖章。

安装"**高校实训专用投标文件制作软件**"（图 3-62）。打开已经安装完成的软件（图 3-63）。该软件是一个单机版实训专用软件，专门用来编制投标文件。

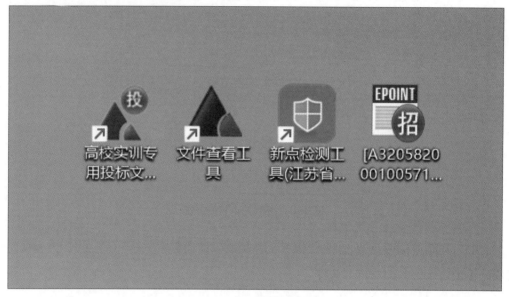

图3-62　投标文件制作软件安装

图3-63　打开投标文件制作软件

单击"**新建工程**"按钮（图 3-64），在弹出的"**新建工程**"对话框中单击"**浏览**"按钮（图 3-65），选中之前下载好的招标文件。这里系统会提示，要选择招标文件、答疑文件或资审文件进行新建（图 3-66）。

图3-64 新建工程

图3-65 浏览选择招标文件

图3-66 选择招标文件新建工程

以上两步完成后，即进入投标文件编制的界面。投标文件编制界面包括三部分内容："浏览招标文件""投标文件格式""生成投标文件"（图 3-67）。

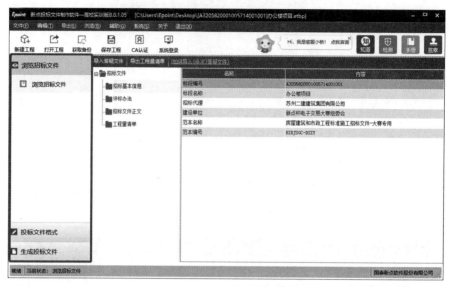

图3-67　投标文件编制界面

1. 浏览招标文件

"浏览招标文件"包括："招标基本信息""评标办法""招标文件正文""工程量清单"（图 3-68）。

浏览招标文件是为了更好地编制投标文件，在浏览时要了解招标文件的评标办法、工期、质量、保证金、界面划分等实质性内容。

图3-68　"浏览招标文件"包含内容

选择"**招标文件正文**"（图 3-69），界面右侧会出现招标文件正文的具体内容。

图3-69 浏览招标文件正文

选择"**工程量清单**"（图 3-70），界面右侧会出现工程量清单的具体内容。

图3-70 浏览招标文件工程量清单

投标文件编制时，需要根据招标人提供的工程量清单进行投标报价，所以需要导出"**工程量清单**"。导出方式有两种：

方式一：单击"**导出工程量清单**"按钮（图 3-71），选择合适的保存路径进行保存（图 3-72）。

方式二：在菜单栏中单击"**导出**"→"**招标清单文件**"按钮。这里的招标清单也就是我们需要的工程量清单。

图3-71 导出招标文件工程量清单第一步

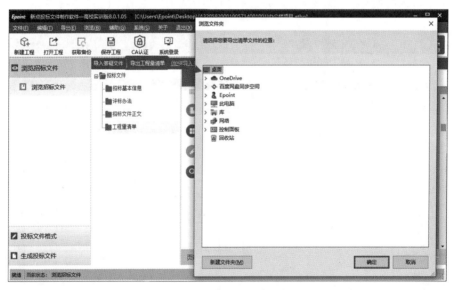

图3-72 导出招标文件工程量清单第二步

现实情况中，导出工程量清单后，应该将该清单导入相应的造价软件进行投标报价，从而最终生成"**投标清单**"。

2. 投标文件格式

"**投标文件格式**"包括："**封面**""**投标函及投标函附录**""**承诺书**""**法定代表人身份证明和授权委托书**""**联合体协议书**""**投标保证金**""**项目管理机构资料**""**已标价的工程量**

清单"施工组织设计"拟分包计划表"资格审查资料"其他网上挑选资料"（图 3-73）。

在界面右上角系统会一直提示"**本页共 × 个输入项，未填 × 项。高亮未填项**"。在整个投标文件编制的过程中，右上角提示条会一直显示。

图3-73 "投标文件格式"包含的内容

（1）封面

选择"**封面**"（图 3-74），进行封面的设置。其中，"**投标人**"和"**法定代表人或其委托代理人**"需要根据招标项目以及投标单位注册信息进行修改。

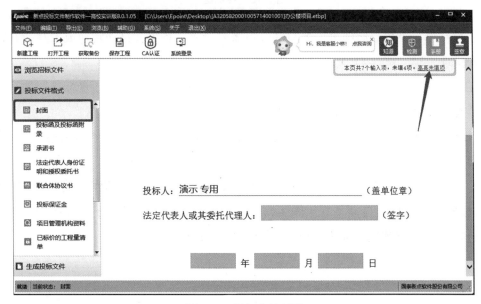

图3-74 投标文件封面

封面的日期需要根据招标文件规定的投标截止时间往前一点进行设置。

（2）投标函及投标函附录

"投标函"（图 3-75）主要填写的内容是：投标报价，质量，工期，项目负责人、投标单位信息等。这几部分信息都在后期生成的工程量清单中，所以实训时要先完成**（8）"已标价的工程量清单"**，从该清单中提取相关投标价格、质量标准、工期等详细的信息，再填写到本部分。

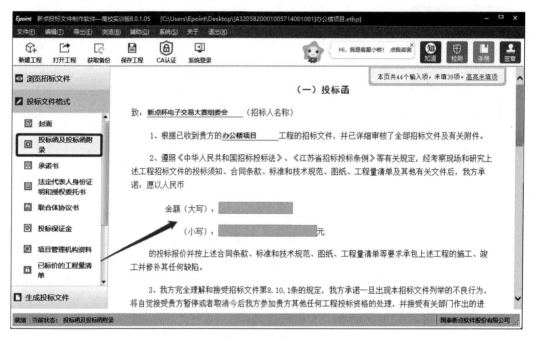

图3-75　投标函

注意：填写小写金额即可，大写部分不需要录入，系统会自动转换成大写，并在大写位置呈现。

"工期"根据实际情况填写，一般实训中都是**"360"**日历天；**"质量标准"**填写**"合格"**，**"质量目标"**填写**"市优"**。

"投标函附录"（图 3-76）按实际项目要求进行填写即可，实训中可以忽略不填。

（3）承诺书

投标文件中的承诺书是投标人对招标人做出的承诺。其中，**"招标人名称""项目名称""标段"**系统均已自动呈现（图 3-77）。需要填写的是**"项目经理"**的姓名、**"投标人"**的名称、**"法定代表人或其委托人"**的姓名、**"日期"**。

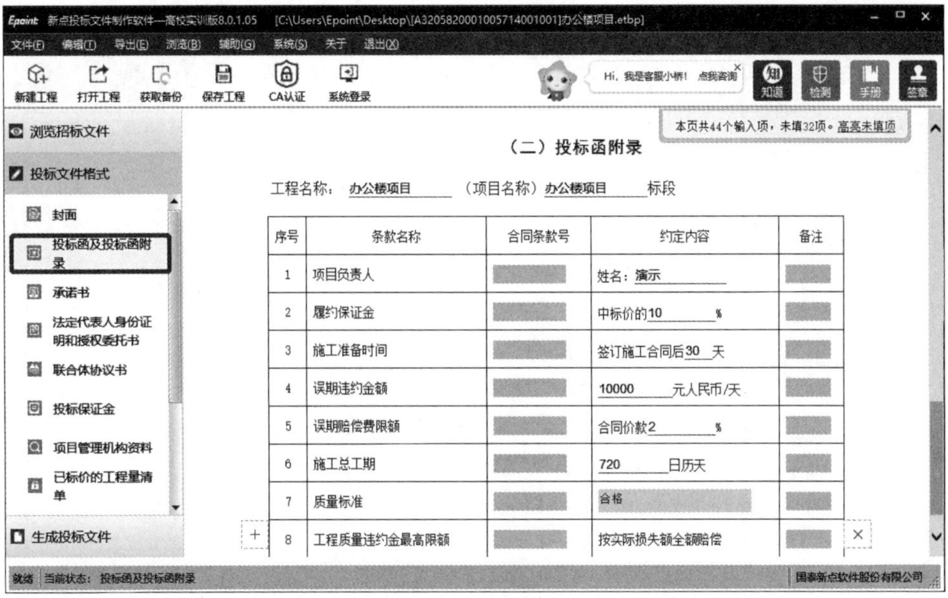

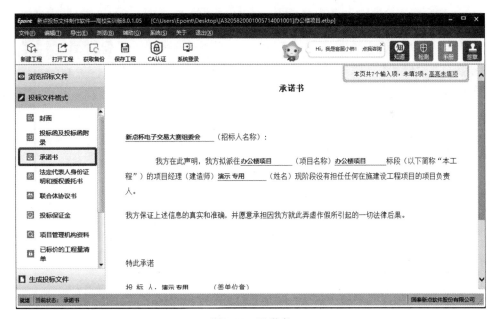

图3-76 投标函附录

图3-77 承诺书

（4）法定代表人身份证明和授权委托书

"**法定代表人身份证明**"根据资料包中提供的法定代表人身份证件的相关信息进行逐项详细填写即可（图3-78）。"**授权委托书**"按系统给出内容逐项进行填写即可（图3-79），其中"**委托期限**"一般填写"**投标有效期内有效**"。这两部分的"**日期**"都应填写实训当天的日期。

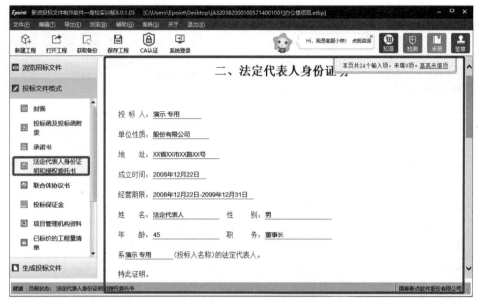

图3-78　法定代表人身份证明

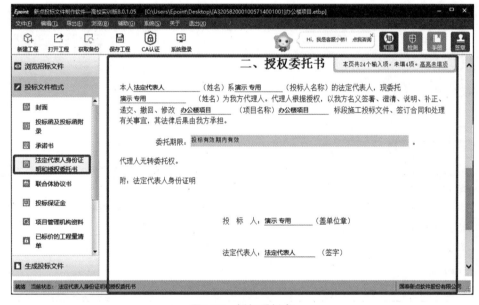

图3-79　授权委托书

（5）联合体协议书

如果本次投标不采用联合体，或者招标文件规定不能联合体投标，则这里勾选"**本次投标不使用联合体**"。实训中一般也不采用联合体投标。

（6）投标保证金

"**投标保证金**"是通过上传银行回执单的方式进行录入的。单击"**+**"按钮（图 3-80），打开"**课程教学资料**"→"**投标文件编制用材料**"→"**投标保证金回执**"，将

"**投标保证金回执**"直接上传即可。

图3-80 投标保证金回执上传

（7）项目管理机构资料

"项目管理机构资料"包括："项目管理机构组成表""项目经理简历表"。单击"**同步诚信库**"按钮（图3-81）并登录账号后，系统会将诚信库的资料进行同步，选择"**身份类型**"后，单击"**确认**"按钮即可（图3-82）。同步成功后，会出现同步诚信库"**获取成功！**"的提示（图3-83）。

图3-81 同步诚信库入口

图3-82 同步诚信库选择身份类型

图3-83 同步诚信库身份信息获取成功

"**挑选材料**"中的"**项目管理机构资料**"包括"**项目管理机构组成表**"和"**项目经理简历表**"两部分的内容（图3-84）。实训者在其中挑选出对应人员的相关资料后，系统会自动调取诚信库录入的相关信息，并呈现出来。但部分信息仍然需要手动输入，如，"**证书名称**""**级别**""**号码**"等。

"**项目管理机构组成表**"制作的第一步是进行项目管理机构人员材料的挑选，即从信息库中选择项目管理机构组成人员，完成界面如图 3-85 所示。

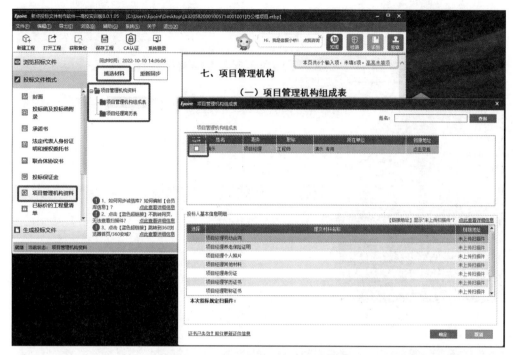

图3-84 "项目管理机构资料"组成

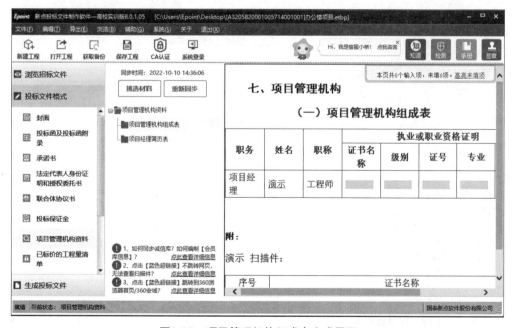

图3-85 项目管理机构组成表完成界面

"**项目经理简历表**"制作的第一步是进行项目经理简历材料的挑选（图 3-86），完成界面如图 3-87 所示。

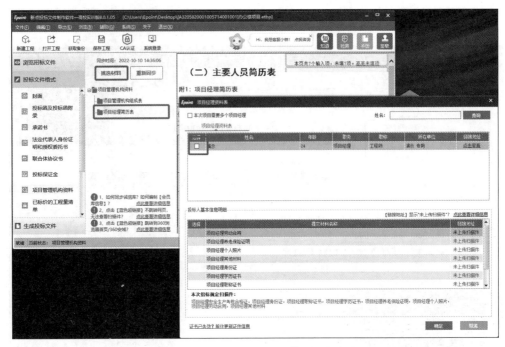

图3-86　挑选项目经理简历材料

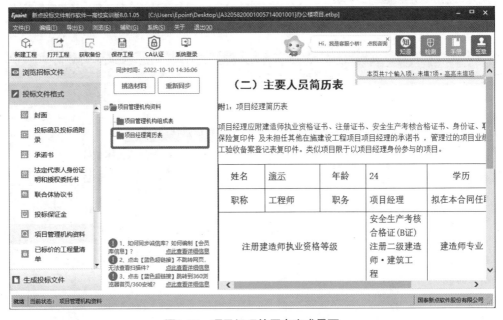

图3-87　项目经理简历表完成界面

（8）已标价的工程量清单

这部分内容实质上是投标单位根据招标人提供的工程量清单进行详细报价后形成的文件，主要包括："**新增清单封面扫描文件**""**新增总说明文件**""**新增工程量清单文件**""**生成工程量清单**"。其中，前三部分内容都是通过新增的方式从资料包中选取相关文档进行直接录入（图3-88～图3-90）。最后，选择"**生成工程量清单**"，系统会自动生成工程量清单（图3-91）。在生成的工程量清单中，有具体明确的投标报价，要将该投标报价录入（2）"**投标函及投标函附录**"中。

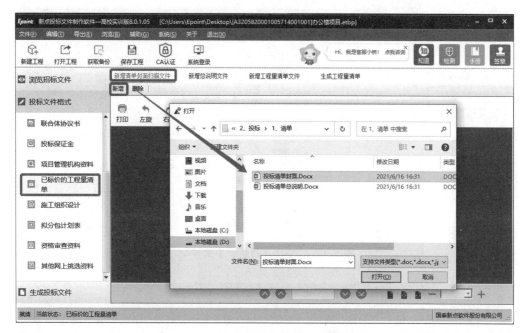

图3-88　"新增清单封面扫描文件"

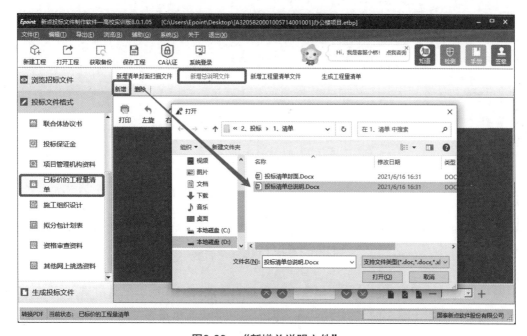

图3-89　"新增总说明文件"

图3-90 "新增工程量清单文件"

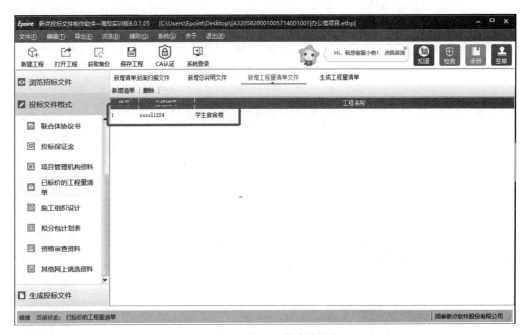

图3-91 新增工程量清单完成

新增工程量清单完成后，还可以生成清单报表。选择"**生成工程量清单**"，单击"**生成清单报表**"按钮（图 3-92），系统会在界面内自动生成清单报表（图 3-93）。

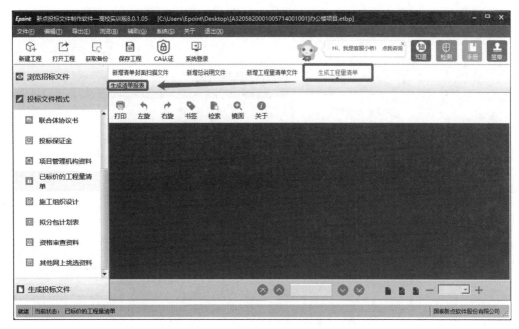

图3-92 生成工程量清单报表入口

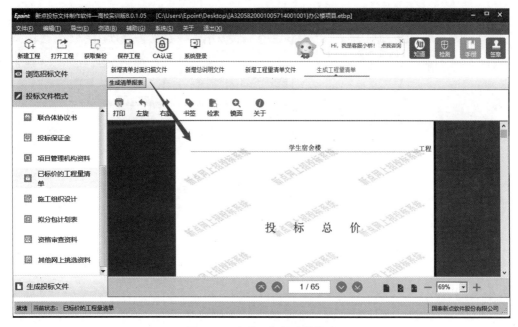

图3-93 生成工程量清单报表

（9）施工组织设计

"施工组织设计"包括："编制说明""正文内容""其他内容""附件部分"。"投标文件编制用材料"文档资料包中包含这四部分的内容，逐个选中后，单击"新增"按钮上传即可，如图 3-94～图 3-97 所示。

图3-94 新增施工组织设计编制说明

图3-95 新增施工组织设计正文内容

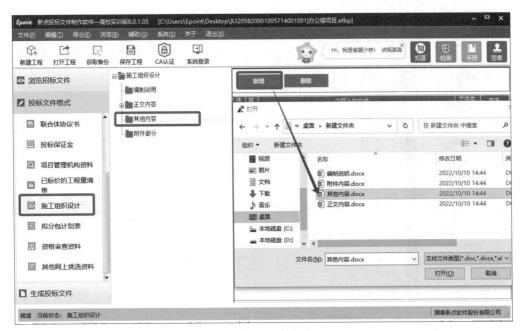

图3-96　新增施工组织设计其他内容

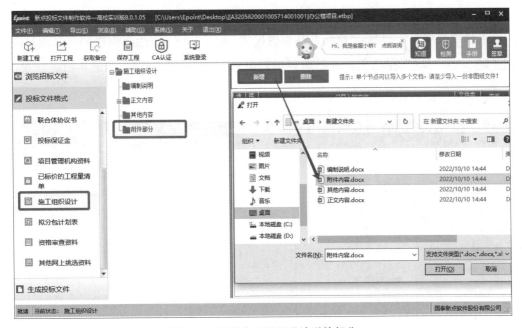

图3-97　新增施工组织设计附件部分

（10）拟分包计划表

"拟分包计划表"包括："导入文档""导出文档""编辑文档"（图3-98），全部完成后还可以"导出原始文档"。

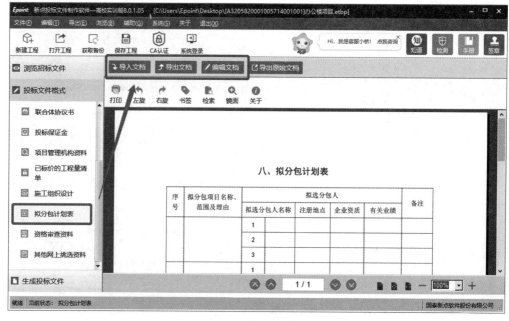

图3-98 拟分包计划表

（11）资格审查资料

"资格审查资料"包括："投标人基本情况表"（图 3-99）、"近年完成的类似项目情况表"（图 3-100）、"正在施工的和新承接的项目情况表"（图 3-101）、"近年财务状况表"（图 3-102）。

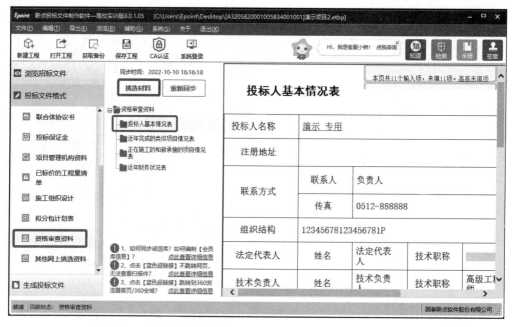

图3-99 投标人基本情况表审查

图3-100 近年完成的类似项目情况表审查

图3-101 正在施工的和新承接的项目情况表审查

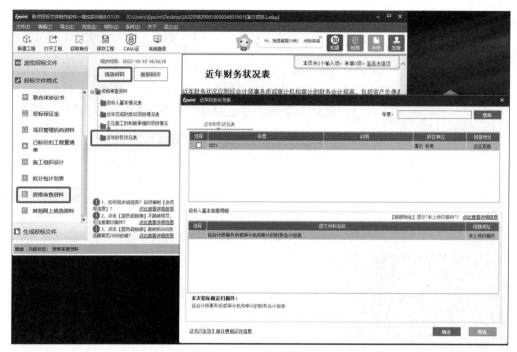

图3-102　近年财务状况表审查

（12）其他网上挑选资料

系统还提供了"**其他网上挑选资料**"模块，如图 3-103 所示。

图3-103　"其他网上挑选资料"模块

3. 生成投标文件

"**生成投标文件**"主要是对"**2.投标文件格式**"中的部分内容进行 PDF 文件生成,包括的操作内容有:"**批量转换**""**预览标书**""**生成标书**"。

(1)批量转换

在"**批量转换**"界面可以看到,除了"**已标价的工程量清单**"和"**拟分包计划表**"已经完成转换外,其他各项均未转换。

单击"**批量转换**"按钮(图 3-104),系统会自动对投标文件各部分进行统一转换。转换后,表格中"**是否已转换**"一列全部是"**√**",表示转换成功。

图3-104 投标文件批量转换

(2)预览标书

单击"**预览标书**"按钮(图 3-105),系统界面会出现标书,但此处预览不会显示图纸文件。预览标书的同时,系统会提示"**是否需要打印扫描件**",这里根据需要选择"**确定**"或"**取消**"。预览标书的目的是在投标前再次审核投标文件的内容,查看是否有遗漏或错误。

(3)生成标书

预览标书无误后,单击"**生成标书**"按钮(图 3-106)。再次填写"**投标总价**"和"**工期**"。实训时,一般"**工期**"填写"**360**"日历天,"**投标总价**"按照投标文件中的实际价格填写。

注意:如果投标总价填写错误,单击"**确定**"按钮后,系统会提示"**投标总价与投**

标函中的不一致。投标函：××××"。可以通过系统提示的投标函价格，重新修改填写错误的"**投标总价**"。只有和投标函中的投标总价保持一致，才能够继续生成标书。

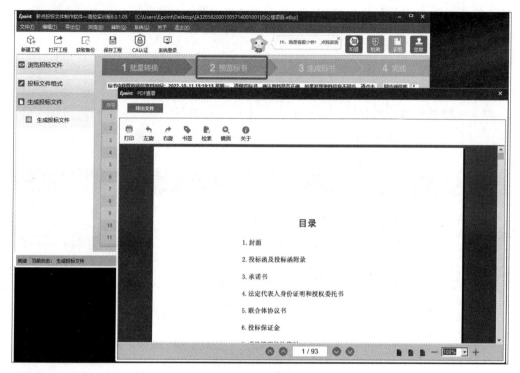

图3-105　预览标书

图3-106　生成标书第一步

选择标书保存路径（图3-107）。

图3-107　生成标书第二步

单击"**确定**"按钮，标书制作完成（图 3-108）。完成后可以打印，也可以复制（图 3-109）。

实训系统中，生成标书后有两种实训设置：一种是配 CA 锁，和实际电子招投标流程一样的操作，当标书生成并保存后，系统会生成两份投标文件，一份加密，一份不加密，加密的需要通过 CA 锁进行解密；另一种是简化版，只生成一份不加密的标书。

配备 CA 锁，有加密标书的实训系统会提示"**文件生成成功！请务必携带当前生成标书时所插的 CA 锁按招标文件要求进行解密**"。这把 CA 锁就是将来带到开标现场进行解密时所需要使用的 CA 锁。

图3-108　标书制作完成

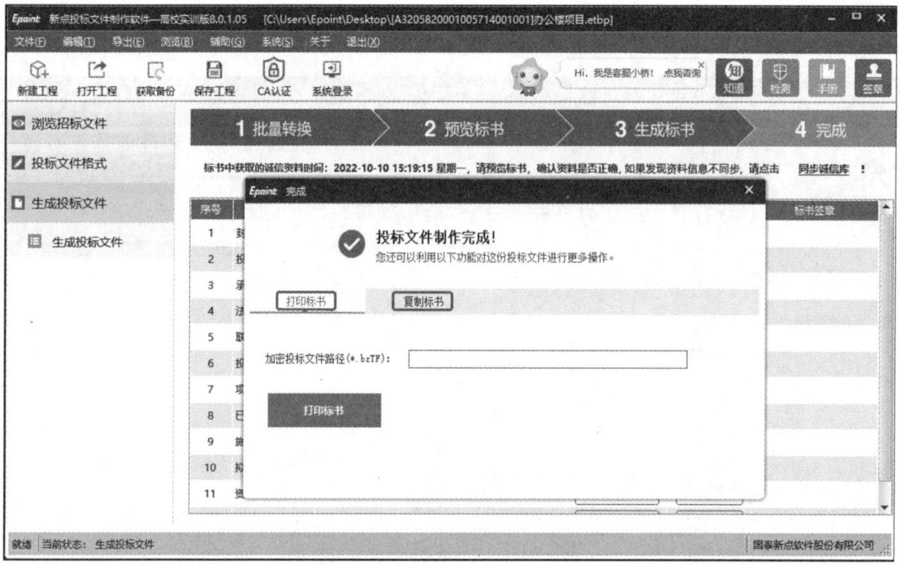

图3-109　打印或复制标书

投标文件生成成功，单击"**确定**"按钮后，系统会自动跳转到保存投标文件的文件夹中。

注意：这里有两份投标文件，一份文件名中显示"**加密**"两个字，一份文件名中仅有项目名称，为非加密文件。显示"**加密**"的这份投标文件就是接下来要上传系统参与投标活动的投标文件。未加密的投标文件应该拷贝到移动硬盘中，带至开标现场，以防止开标时，由于不确定的客观因素而导致加密的投标文件无法解密或者打不开的情况。

4. 上传投标文件

生成投标文件后，需要将该投标文件上传系统（图3-110）。

图3-110　上传投标文件入口

（1）招标项目信息

这里无须录入，只需要核对招标项目的具体信息，如项目名称、编号、类型、开标时间等。

（2）上传操作

单击"**上传投标文件**"（图 3-111）→"**选择文件上传**"（图 3-112）按钮。这里上传文件需要一点时间，系统界面会显示上传进度条（图 3-113）。上传完成后，会出现投标文件信息提醒，确认所有信息正确后，单击"**确定**"按钮（图 3-114），将前一步生成好的投标文件或加密投标文件进行上传。加密投标文件上传后，单击"**模拟解密**"按钮，主要目的是测试一下解密的过程是否顺畅。一般来说，若这里解密顺畅，则开标现场也不会出现解密的问题。

图3-111　上传投标文件第一步

图3-112　上传投标文件第二步

图3-113　上传投标文件第三步

图3-114　上传投标文件第四步

投标文件上传完成后，系统页面下方会出现"**文件名**""**操作人单位**""**操作日期**"等信息（图3-115）。

到目前为止，投标工作已经全部完成，项目流程中的"**上传投标文件**"前显示"√"（图3-116）表示该流程已经完成，接下来等待开标、评标和定标。

图3-115　上传投标文件完成

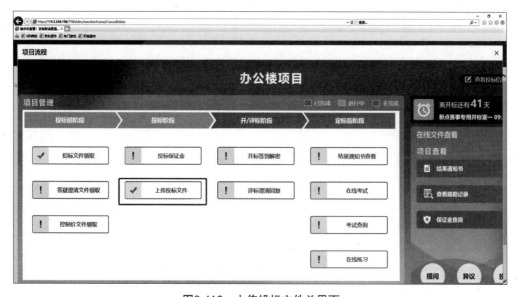

图3-116　上传投标文件总界面

3.3.4　对招标相关文件的提问、异议和投诉

在投标书制作的过程中，若投标单位对招标文件、招标资格审查文件等部分内容存在疑问，需要向招标人或招标代理提出异议，则可以通过电子招投标系统提出，相关操作如下。

进入主界面（图3-117）。

图3-117　提问、异议、投诉主界面

单击"**新增提问**"按钮（图3-118）。整个招投标系统都是通过新增的方式实现内容添加的。

图3-118　新增提问

选择需要提问的文件类别（图3-119）。实训系统中的"**文件类别**"包括："**招标文件**""**资格预审文件**"。

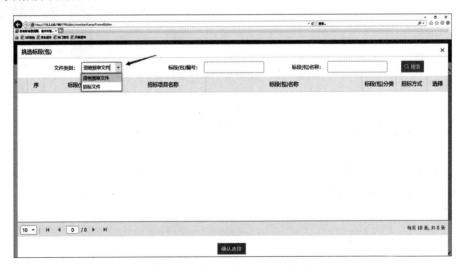

图3-119　选择需要提问的文件类别

挑选标段（图 3-120）。

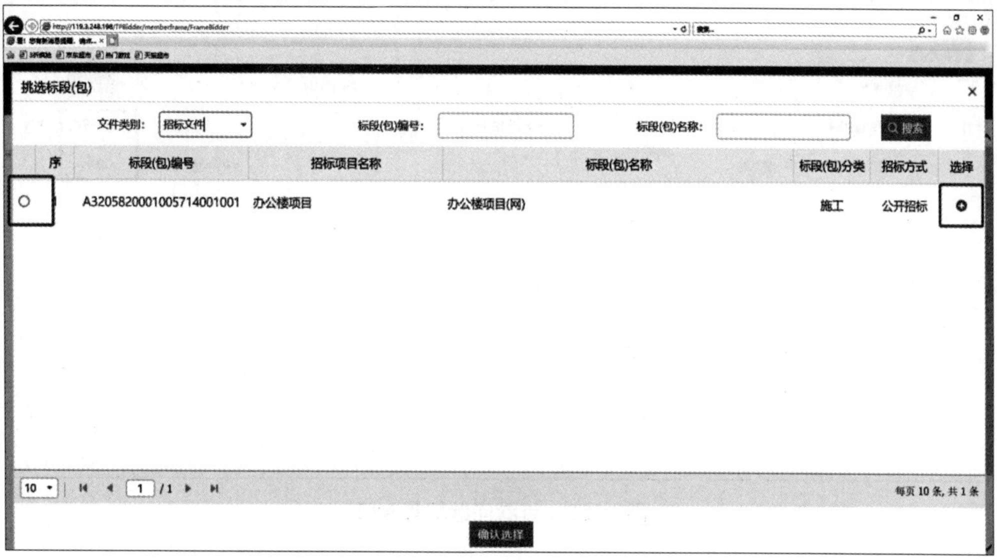

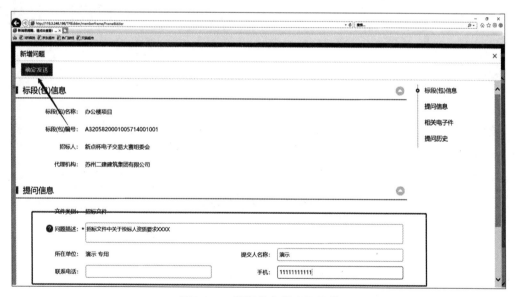

图3-120 挑选标段

完善提问信息。对具体标段的具体问题进行描述，完成后单击"**确定发送**"按钮（图 3-121）。

图3-121 提问信息描述及发送

问题解答查看。一般情况下，招标人或招标代理会在一定时间内，在电子招投标系统中对投标单位提出的疑问进行线上解答。解答完成后，在"**是否解答**"列会显示"**已解答**"字样（图 3-122）。单击"查看"列的"🔍"，即可查看"问题答复"（图 3-123）。

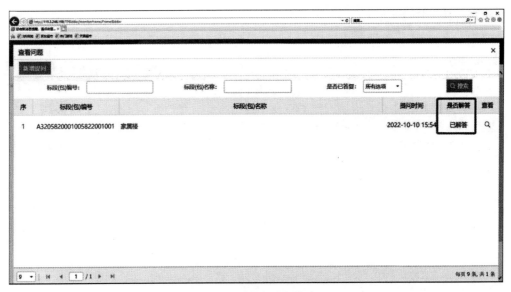

图3-122　查看问题解答入口

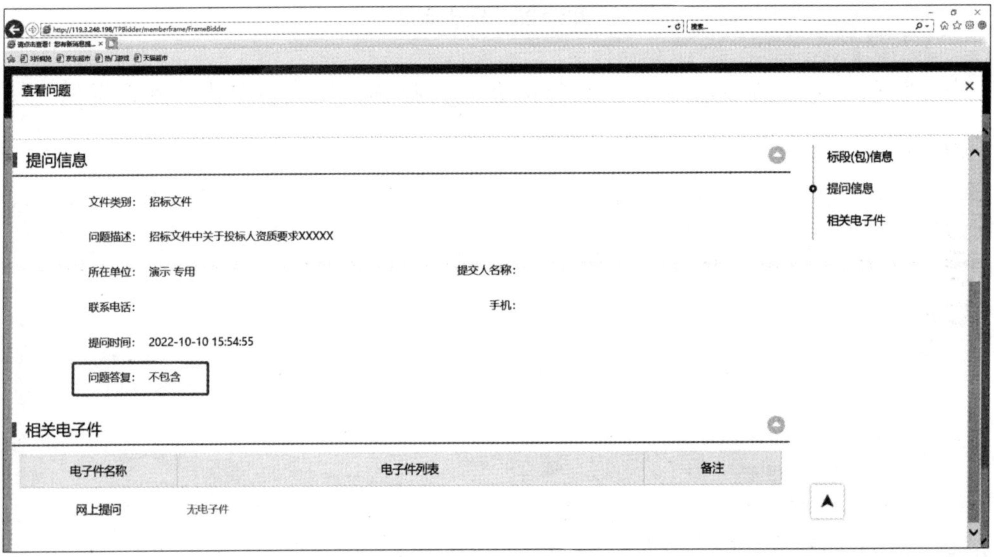

图3-123　查看问题答复

第 4 章
CHAPTER 4

工程开标、评标、定标及模拟实训

4.1 工程开标、评标、定标的流程

工程开标、评标、定标的主要流程包括：项目开标、评标准备、清标、初步评审、详细评审、评标结果、定标。详细流程见表4-1。

表4-1 工程开标、评标、定标的流程

序号	主要流程	详细流程
1	项目开标	项目管理
		公布投标人
		投标文件解密
		唱标
		开标结束
2	评标准备	招标文件导入
		控制价文件导入
		评标办法
		确定评委
		播放评标纪律
		确认评标回避
		招标文件评价查看
		确认评委负责人
		拟定答辩题目

（续）

序号	主要流程	详细流程
3	清标	多线程清标
		清单符合性检查
		措施项目符合性检查
		其他项目符合性检查
		取费检查
		计算错误检查
		清标结果
		雷同性分析
4	初步评审	初步评审
		初步评审汇总
		废标结果查看
5	详细评审	经济标打分
		技术标打分
		综合标打分
		其他打分
		各项评分汇总
6	评标结果	最终排名
		评委签章
		评标结果
		评标报告
7	定标	中标通知书
		履约保证金
		签订合同

4.2 工程开标、评标、定标阶段的工作内容

4.2.1 开标

开标由招标人主持，邀请所有投标人参加。每位投标人都要参与开标过程，以会议形式公开进行。投标人应派出相关人员作为投标代表参加开标，未派相关人员参加的，其投标将被拒绝。

1. 开标的时间和地点

1）招标人在招标文件规定的投标截止时间（开标时间）和投标人须知前附表规定的

地点公开开标。

2）开标的时间与地点应与投标人递交投标文件的截止时间和递交地点一致。

3）因故需变更开标时间和地点的，经招标主管部门同意后，可暂缓或推迟开标时间，变动开标地点。

2. 开标注意事项

1）在投标截止时间前，投标人书面通知招标人撤回其投标的，无须进入开标程序。

2）至投标截止时间提交投标文件的投标人少于3家的，不得开标，招标人应将接收的投标文件原封不动地退回投标人，并依法重新组织招标。

3）开标过程中，投标人对开标有异议的，应当在开标现场提出，招标人应当当场做出答复，并制作记录。开标过程应当记录，并存档备查。开标记录可以使权益受到侵害的投标人行使要求复查的权利，有利于招标人自我完善，加强管理，少出漏洞。此外，开标记录还有助于有关行政主管部门后期进行检查。

4）电子招投标中，所有投标人的法定代表人或其委托人、投标项目负责人应携带本人二代身份证原件和投标人CA证书准时参加，并在开标结束前不得离开。未携带CA证书及身份证原件或在开标现场拒绝解密的，视为投标人放弃投标。

5）投标截止时间前，投标人的法定代表人或其委托人、投标项目负责人应在开标会议签到表上签名证明其出席。否则，其投标文件不予接收和解密。

6）开标时，开标工作人员应认真核验并如实记录投标文件的密封、标志以及投标报价、投标保证金等开标、唱标情况，发现投标文件存在问题或投标人提出异议的，特别是涉及影响评标委员会对投标文件做出评审结论的，应如实记录在开标记录上。但招标人不应在开标现场对投标文件是否有效做出判断和决定，应递交评标委员会评定。

7）投标人应按招标文件约定参加开标，投标人不参加开标，视为默认开标结果，事后不得对开标结果提出异议。

8）评标委员会成员不应参加开标会，因为《招标投标法》明确规定，评标委员会成员的名单在中标结果确定前应当保密。如果评标委员会成员参加开标会，势必造成评标委员会名单的提前泄露，可能会影响评标的公正性。

4.2.2 评标

评标是评标委员会按照招标文件确定的评标标准和方法，依据公平、公正、科学、择优的原则对投标文件优劣进行评审和比较，以便最终确定中标人。评标委员会依法组建，由招标人或者其委托的具备资格的招标代理机构负责组建，负责评标活动。

1. 评标委员会的构成

依法必须进行招标的工程，其评标委员会由招标人的代表，以及有关技术、经济等方面的专家组成，成员人数为 5 人以上的单数，其中招标人代表不得超过评标委员会成员总数的 1/3，招标人或者招标代理机构以外的经济等方面的专家不得少于评标委员会成员总数的 2/3。行政监督部门的工作人员不得担任本部门负责监督项目的评标委员会成员。评标委员会设负责人的，评标委员会负责人由评标委员会成员推举产生或者由招标人指定。评标委员会负责人与评标委员会的其他成员有同等的表决权。

2. 评标委员会成员的确定

评标委员会的专家成员应当从国务院有关部门或者省、自治区、直辖市人民政府有关部门提供的专家名册或者招标代理机构专家库内的相关专家名单中确定。评标专家采取随机抽取和直接确定两种方式。一般项目，可以采取随机抽取的方式；特别复杂、专业性要求特别高或者国家有特别要求的招标项目，采取随机抽取方式确定的评标专家难以胜任的，可以由招标人直接确定。任何单位和个人不得以明示或暗示等任何方式指定或者变相指定参加评标委员会的专家成员。

3. 评标委员会成员的回避原则

评标委员会成员有下列情形之一的，应当主动选择回避：

1）投标人或投标的主要负责人的近亲属。

2）项目主管部门或者行政监督部门的人员。

3）与投标人有经济利益关系，可能影响投标公正评审的人员。

4）曾在招标、评标以及其他与招投标有关活动中因违法行为而受过行政处罚或刑事处罚的人员。

评标委员会成员从发生和知晓上述规定情形之一时起，应当主动回避评标。招标人可以要求评标委员会成员签署承诺书，确认其不存在上述法定回避的情形。评标时，如发现某个评标委员会成员存在法定回避情形，则该成员已经完成的评标结果无效，招标人应重新确定满足要求的专家替代。

4. 评标委员会需要注意的问题

招标人组织评标委员会评标，应注意以下问题：

1）评标委员会的职责是依据招标文件确定的评标标准和方法，对进入开标程序的投标文件进行系统评审和比较，无权修改招标文件中已经公布的评标标准和方法。

2）评标委员会对招标文件中的评标标准和方法产生疑义时，招标人或其委托的招标代理机构要进行解释。

3）招标人接收评标报告时，应核对评标委员会是否遵守招标文件确定的评标标准和方法、评标报告是否有算术性错误、签字是否齐全等内容，发现问题应要求评标委员会即时更正。

4）评标委员会成员及招标人或其委托的招标代理机构参与评标的人员应该严格保密，不得泄露任何信息。评标结束后，招标人应将评标的各种文件资料、记录表收回归档。

4.2.3 初步评审

《招标投标法》规定，评标委员会应当按照招标文件确定的评标标准和方法，对投标文件进行评审比较。实训系统中，简化了初步评审的内容，具体初步评审内容如下：

1. 形式评审标准

审查投标人名称、营业执照、签字盖章等内容是否一致有效。

2. 资格评审标准

对于进行资格预审的工程招标项目，资格评审标准以资格审查标准为准；对于不进行资格预审的工程，资格评审标准包括：营业执照、安全生产许可证、资质等级、财务状况、类似项目业绩、信誉、项目经理、其他要求、联合体投标人。

3. 响应性评审标准

响应性评审标准包括：投标内容、工期、工程质量、投标有效期、投标保证金等符合招标文件规定的要求；权利义务符合招标文件合同条款及格式规定；已标价工程量清单符合招标文件工程量清单给出的范围及数量；技术标准和要求符合招标文件技术标准和要求的规定。

4. 施工组织设计和项目管理机构评审标准

当工程评标采用经评审的最低投标价法时，不再对技术标进行详细评审，只对施工组织设计和项目管理机构进行初步评审。

4.2.4 详细评审

详细评审是评标的核心，是对标书进行实质性审查，包括技术评审和商务评审。

技术评审主要是对标书的技术方案、技术措施、技术手段、技术装备、人员配备、组织结构、进度计划等的先进性、合理性、可靠性、安全性、经济性等进行分析评价。商务评审主要是对标书的报价高低、报价构成、计价方式、计算方法、支付条件、取费标准、价格调整、税费、保险及优惠条件等进行评审。

正常情况下，详细评审包括商务评审和技术评审两个部分。其中，最常用的综合评估法，是需要对商务标和技术标同时评审的。但是当采用经评审的最低投标价法评标时，只需要对商务标进行评审，按照招标文件规定的量化因素和标准进行价格折算，计算出评标价，属于特殊情况。

评标委员会发现投标人的报价明显低于其他投标报价，或者在设有标底时明显低于标底，使得其投标报价可能低于成本的，应当要求该投标人做出书面说明并提供相应的证明材料。投标人不能合理说明或者不能提供相应证明材料的，由评标委员会认定该投标人以低于成本报价竞标，其投标做废标处理。

4.2.5　评标结果

招标人在收到评标报告之日起 3 日内，在本招标项目招标公告发布的同一媒介发布评标结果公示，公示期不少于 3 日。

投标人或其他利害关系人对评标结果有异议的，应当在公示期间提出。招标人自收到异议之日起 3 日内做出答复。对招标人答复不满意或招标人拒不答复的，可以在知道或者应当知道之日起 10 日内向有关行政监督部门提出书面投诉。投诉应当有明确的请求和必要的证明材料。

4.2.6　定标

定标有两种方式：一种是评标委员会直接确定中标人，另一种是招标人依据评标委员会推荐的中标候选人确定中标人，具体采用哪种方式由招标文件规定决定。根据有关规定，定标应满足下列要求：

1）评标委员会经评审，认为所有投标都不符合招标文件要求的，可以否决所有投标。依法必须进行招标的项目的所有投标被否决的，招标人应当依照《招标投标法》重新招标。

2）在确定中标人前，招标人不得与投标人就投标价格、投标方案等实质性内容进行谈判。

3）评标委员会推荐的中标候选人应该为 1 ～ 3 个，并且要排列先后顺序，招标人优先确定排名第一的中标候选人作为中标人。

4）依法必须进行招标的项目，招标人应当自确定中标人之日起 15 日内，向工程所在地县级以上建设行政主管部门提交招投标情况的书面报告。

5）中标人确定后，招标人应当向中标人发出中标通知书，并同时将中标结果通知所有未中标的投标人并退还它们的投标保证金或保函。中标通知书发出即生效，且对招标人和中标人都具有法律效力，招标人改变中标结果或中标人拒绝签订合同均要承担相应的法律责任。

6）招标人和中标人应当自中标通知书发出之日起 30 日内，按照招标文件和中标人的投标文件订立书面合同。

7）中标人应当按照合同约定履行义务，完成中标项目。中标人不得向他人转让中标项目，也不得将中标项目分解后分别向他人转让。

8）定标时，应当由业主行使决策权。

9）中标人的投标应当符合下列条件之一：能够最大限度地满足招标文件中规定的各项综合评价标准；能够满足招标文件的各项要求，并且经评审的价格最低，但投标价格低于成本的除外。

10）投标有效期是招标文件规定的从投标截止日起至中标人公布日止的期限。一般不能延长，因为它是确定投标保证金有效期的依据。不能在投标有效期结束日 30 个工作日前完成评标和定标的，招标人应当通知所有投标人延长投标有效期。拒绝延长投标有效期的投标人有权收回投标保证金。

11）退回招标文件押金。公布中标结果后，未中标的投标人应当在发出中标通知书后的 7 日内退回招标文件和相关的图样资料，同时招标人应当退回未中标人的投标文件和发放招标文件时收取的押金。

中标人确定后，招标人应当向中标人发出中标通知书，同时通知未中标人，并与中标人在 30 个工作日之内签订合同。中标通知书对招标人和中标人具有法律约束力，招标人迟迟不确定中标人或者无正当理由不与中标人签订合同的，给予警告，根据情节可处 1 万元以下的罚款，造成中标人损失的，应当赔偿损失。

4.2.7 中标通知书

1. 中标通知书的发出

招标人应当与中标人在投标有效期内以及中标通知书发出之日起 30 日之内签订合同。依法必须进行施工招标的工程，招标人应当自确定中标人之日起 15 日内，向工程所在地的县级以上地方人民政府建设行政主管部门提交施工招投标情况的书面报告，建设行政主管部门自收到书面报告 5 日内未通知存在违法行为的，招标人可以向中标人发出中标通知书。

2. 中标通知书的生效

中标通知书是招标人对投标人邀约的承诺。中标通知书在发出时即生效。

中标通知书对招标人和中标人具有法律效力。中标通知书发出后，招标人改变中标结果的，或者中标人放弃中标项目的，应当依法承担法律责任。

4.2.8　履约保证金

在签订合同前，中标人应按规定的金额、担保形式和招标文件中合同条款及格式规定的履约担保格式向招标人提交履约保证金。联合体中标的，其履约保证金由牵头人递交，并应符合规定的金额、担保形式和招标文件规定的履约担保格式要求。

中标人未按规定要求提交履约保证金的，视为放弃中标，其投标保证金不予退还，给招标人造成的损失超过投标保证金数额的，中标人还应当对超过部分予以赔偿。

4.2.9　签订合同

招标人和中标人应当在投标有效期内以及中标通知书发出之日起 30 天内，根据招标文件和中标人的投标文件订立书面合同。中标人无正当理由拒签合同的，招标人取消其中标资格，其投标保证金不予退还；给招标人造成的损失超过投标保证金数额的，中标人还应当对超过部分予以赔偿。对依法必须进行招标的项目的中标人，由有关行政监督部门责令改正。

排名第一的中标候选人（或评标委员会依据招标人的授权直接确定的中标人）放弃中标，或因不可抗力提出不能履行合同，或被查实存在影响中标结果的违法行为等情形，不符合中标条件的，招标人可以按照评标委员会提出的中标候选人排序依次确定其他中标候选人为中标人。依次确定其他中标候选人与招标人预期差距较大，或者对招标人明显不利的，招标人可以重新招标。

发出中标通知书后，招标人无正当理由拒签合同的，由有关行政监督部门给予警告，责令改正。同时，招标人向中标人退还投标保证金，给中标人造成损失的，还应当赔偿损失。

4.2.10　中标无效和废标

1. 中标无效的含义

中标无效是指招标人最终做出的中标决定没有法律约束力，即获得中标的投标人丧失与招标人签订合同的资格，招标人不再有与之签订合同的义务。在已签订合同的情况下，所签订的合同无效。

2. 导致中标无效的情况

根据《招标投标法》的相关规定，中标无效主要有以下几种情况：

1）招标代理机构违反规定，泄露应当保密的与招投标活动有关的情况和资料，或者与招标人、投标人串通损害国家利益、社会公共利益、他人合法权益的行为影响中标结果的，中标无效。

2）依法必须进行招标的项目的招标人向他人透露已获得招标文件的潜在投标人的名称、数量，或者可能影响公平竞争的有关招投标的其他情况，或者泄露标底的行为影响中标结果的，中标无效。

3）投标人相互串通投标，或者与招标人串通投标，或者为谋取中标行贿的，中标无效。

4）投标人以他人名义投标或者以其他方式弄虚作假骗取中标的，中标无效。

5）依法必须进行招标的项目，招标人违法与投标人就投标价格、投标方案等实质性内容进行谈判的行为影响中标结果的，中标无效。

6）招标人在评标委员会依法推荐的中标候选人以外确定中标人，或者依法必须进行招标的项目在所有投标被评标委员会否决后自行确定中标人的，中标无效。

依法必须进行招标的项目违反《招标投标法》和《招标投标法实施条例》及有关法规的规定，对中标结果造成实质性影响，且不能采取补救措施予以纠正的，招标、投标、中标无效，应当依法重新进行招标或者评标。

3. 中标无效的法律后果

（1）尚未签订合同中标无效的法律后果

依法必须进行招标的项目在中标无效后的处理办法有两种：应当依据规定的中标条件从其余投标人中重新确定中标人；依照《招标投标法》重新进行招标。

（2）签订合同后中标无效的法律后果

招标人与中标人之间已经签订了书面合同的，所签订的合同无效。根据《中华人民共和国民法典》的规定，合同无效产生以下后果：

1）恢复原状。

2）赔偿损失。有过错的一方应当赔偿对方因此所受到的损失；双方都有过错的，应该各自承担相应的责任。

3）重新确定中标人或者重新招标。

4．废标

这里的废标指的是工程招投标活动中口语里的废标，并非真正法律意义上的废标，指的是工程招投标评标过程中，投标文件在评审时被发现不符合相关要求，无法参与最终评标，不会参与最终排名的情况。常见的废标情况如下：

1）交货期（项目实施周期）不满足招标文件要求的。

2）质保期（软件产品服务期）不满足招标文件要求的。

3）未按招标文件的要求签署、盖章的。

4）无投标人公章和投标人的法定代表人的印章（或其委托代理人的签字）的。

5）投标文件标明的投标人在名称和法律地位上与资格审查时的不一致，且这种不一致明显不利于招标人或为招标文件所不允许的。

6）投标人未按招标文件的要求提交投标保证金或投标保函的。

7）投标人在一份投标文件中对同一招标项目报有两个或多个报价，且未书面声明以哪个报价为准的。

8）投标文件未实质性响应招标文件要求的。

9）投标报价超过招标控制价的。

10）法定代表人或法人委托代理人与证明文件不相符的。

4.3　工程开标、评标、定标模拟实训

工程开标、评标、定标实训的主要内容包括："**项目开标**""**评标准备**""**清标**""**初步评审**""**详细评审**""**评标结果**""**定标**"。

开标、评标、定标模拟实训的目的是让学生了解开标、评标、定标的流程及细节工作，每一环节的注意事项有哪些，作为评委应该如何评标，最终又是如何完成项目定标的。在实训开始之前，学生需要了解评委在整个招投标环节中扮演的角色及主要工作，以及评标工作涉及的一些法律法规、资质说明等。

4.3.1　项目开标

开标是项目评标前的工作，其目的是将所有投标人的投标文件进行解密公布，确保评标阶段的资料齐备和合法合规。开标环节是招投标工作中不可或缺的一个专业环节。

在实训过程中，学生模拟工作人员和评委进行开标、评标、定标。只有完成了开标，才能进入评标实践环节。

登录高校招标投标实训系统的方式有两种：方式一：直接通过网址进入，网址如下：

http://119.3.248.198/TPBidder/huiyuaninfomis2/pages/oauthlogin/oauthindex。**方式二**：从高校招投标实训系统界面进入。

打开新点高校招投标实训系统，选择对应的省份及学校，选择"**开评标系统**"（图4-1）。

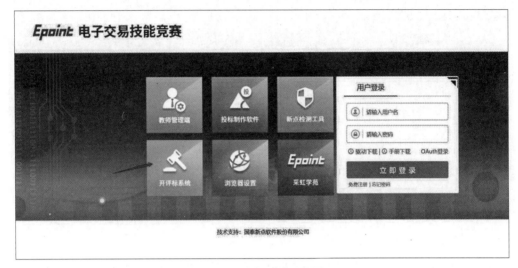

图4-1 开评标系统登录界面

选择身份。系统共提供了三种身份选择："**工作人员**""**开标管理员**""**评委**"。

首先选择"**工作人员**"（图4-2），并输入用户名和密码。用户名和密码由实训指导教师提供，指导教师要在实训前于教师端操作中心进行申请处理。一般情况下，开标是由招标人主持，或招标人委托招标代理机构主持。所以工作人员这个角色相当于实际工作中的招标代理或跟标员。

图4-2 工作人员登录界面

登录后，界面左上角会出现三个项目选择：**"新增项目""同步项目""删除项目"**。首先，单击**"同步项目"**按钮（图4-3），选择后会弹出提示信息，单击**"确定"**按钮即可。

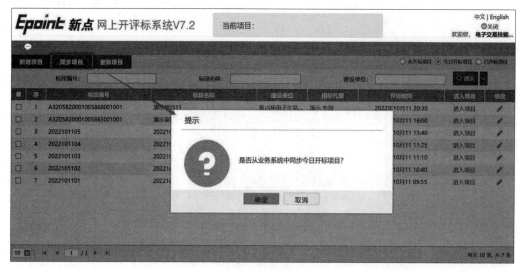

图4-3　同步项目

这时界面中会出现一组都是今天需要开标的项目，即待开标项目列表（图4-4）。项目信息包括：**"标段编号""标段名称""建设单位""招标代理""开标时间"**。

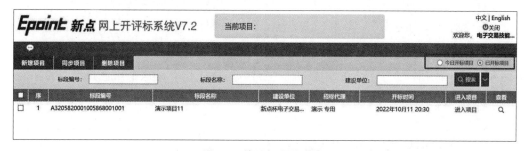

图4-4　待开标项目列表

选择实训需要开标的项目，单击**"进入项目"**按钮（图4-5）。这时界面跳转到该项目的开标、评标、定标界面，开标的主要工作内容及程序包括**"项目管理""公布投标人""投标文件解密""唱标""开标结束"**。

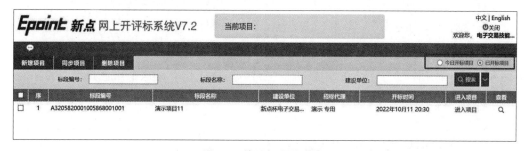

图4-5　进入项目

1. 项目管理

选择"**项目管理**"（图 4-6），选中"**今日开标项目**"单选按钮，找到实训当天所要开标的项目，注意时间节点，精确到几点几分。单击"**进入项目**"按钮。

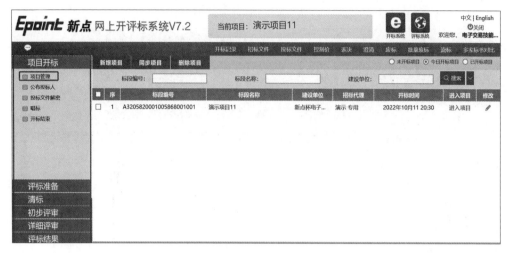

图4-6 项目管理

2. 公布投标人

选择"**公布投标人**"，在左上角单击"**公布投标单位名单**"按钮，系统会提示"**开标时间未到，无法进行操作**"。因为一般情况下，实训都要提前候机，所以这是正常的。可以单击左上角的"**开标背景**"按钮进行等待，这时页面会出现倒计时（图 4-7），方便了解距离开标还有多久。

图4-7 开标倒计时

当倒计时结束时，页面会显示"**开标时间已到**"，单击"**确定**"按钮，这时系统会显示所有投标单位投标信息（图 4-8），如，"**共有 × 家投标单位，其中 × 家已递交投标文件**"。此外，界面还会显示"**投标单位名称**""**递交状态**""**文件状态**""**投标文件送达时间**"等。

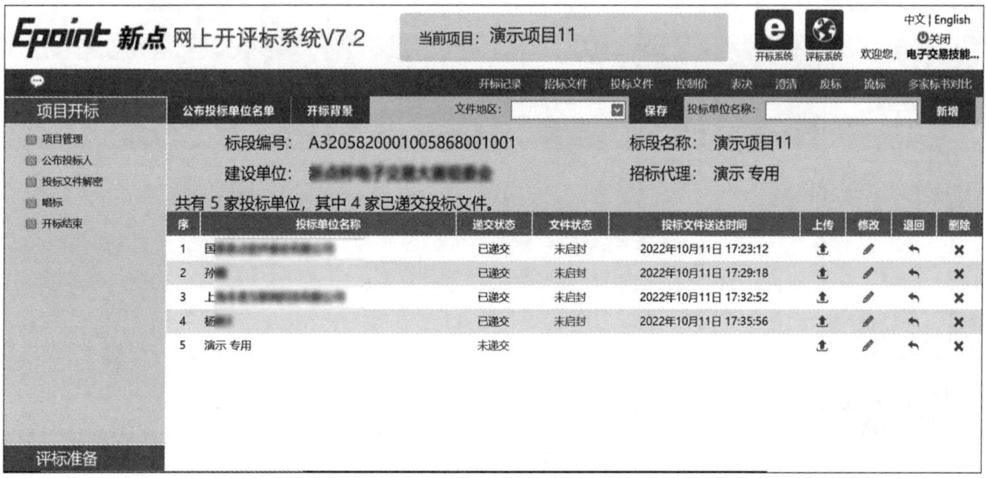

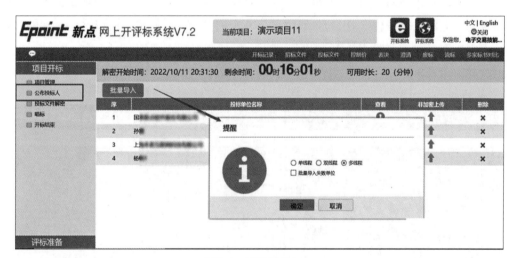

图4-8　投标单位投标信息列表

单击"**批量导入**"→"**确定**"按钮（图 4-9），将所有投标单位导入评标系统。

图4-9　投标单位导入

3. 投标文件解密

选择"**投标文件解密**"，单击左上角的"**批量导入**"→"**确定**"（图 4-10）→"**已完成**"（图 4-11）按钮，便完成了所有投标文件的解密工作。

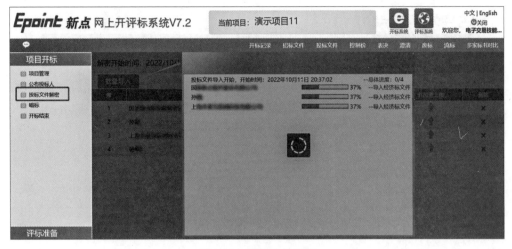

图4-10　投标文件解密

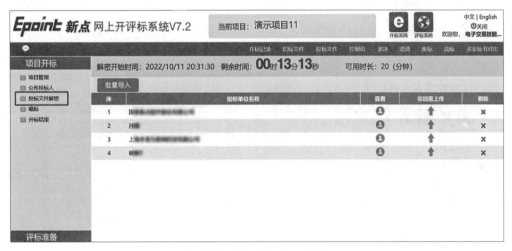

图4-11　投标文件解密完成

4．唱标

"唱标"（图 4-12）包括两部分："**电声唱标**"和"**异常情况**"。

"**电声唱标**"是需要主持人宣读投标人的具体信息的，唱标内容包括：投标单位名称、投标总价、工期。

对投标人的报价等有疑义的，要现场提出，可以直接记录在"**异常情况**"中。如果对投标人的信息有疑义却没有记录在此，则后面再提出的疑义为无效疑义。

电声唱标确认无误后，进入下一环节。

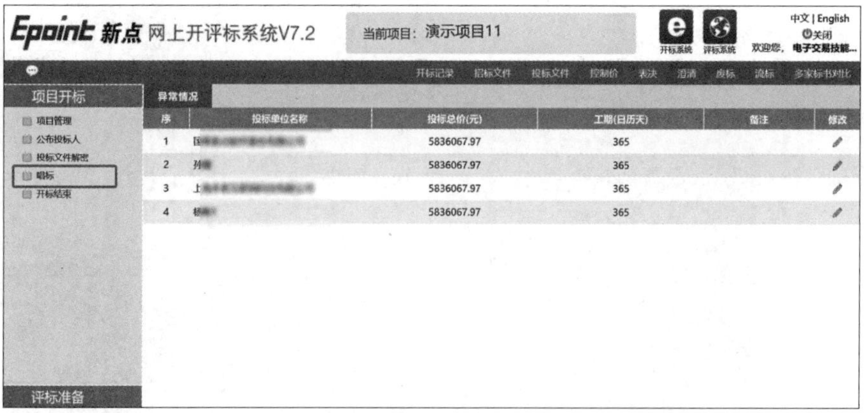

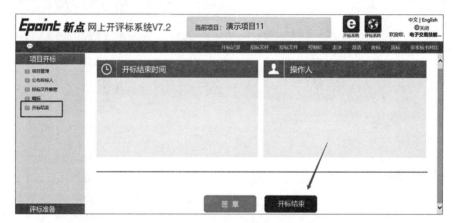

图4-12　唱标

5. 开标结束

这里如果有签章的，需要先单击"**签章**"按钮；没有签章的，直接单击"**开标结束**"（图4-13）→"**确定**"（图4-14）按钮。到此即完成了项目开标的所有流程。确认开标结束后，页面会显示开标结束时间（图4-15）。

图4-13　开标结束入口

图4-14　确认开标结束

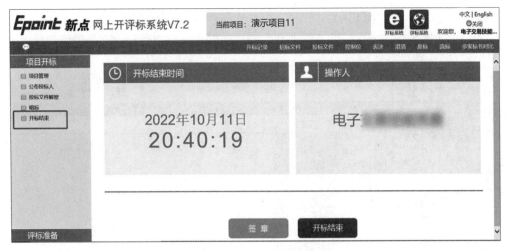

图4-15 开标结束时间

4.3.2 评标准备

评标环节的实训操作的目的是让学生体验评委以及其他工作人员的工作流程和工作内容，进一步加深对工程招投标环节的认识和理解。

在实训过程中，学生模拟评委进行评标。只有完成了评标，才能进入定标实践环节。

评标准备主要工作内容及程序包括："**招标文件导入**""**控制价文件导入**""**评标办法**""**确定评委**""**播放评标纪律**""**确认评标回避**""**招标文件评价查看**""**确认评委负责人**""**拟定答辩题目**"。

1. 招标文件导入

选择"**招标文件导入**"，在左上角单击"**上传**"按钮（图 4-16），便可查看招标文件。

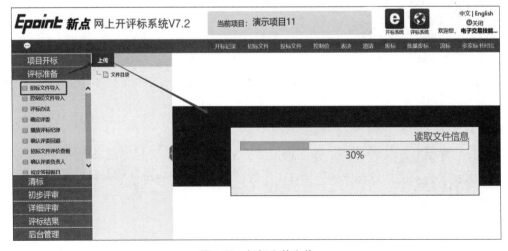

图4-16 招标文件上传

"**文件目录**"→"**招标文件**"包括："**工程量清单**""**招标文件正文**""**评标办法**"（图 4-17）。这里选择三者之一，系统会在右侧界面展示招标文件对应部分的所有内容。

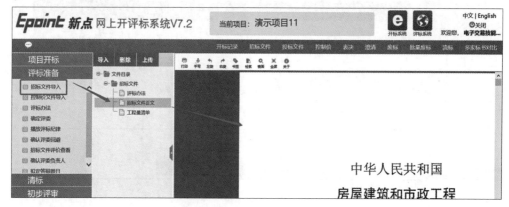

图4-17 招标文件的文件目录

2. 控制价文件导入

实训中，一般没有招标控制价，所以可以不用导入。但现实中，工程项目招标控制价一般是有的，而且是评标计算的依据，需要导入。选择"**控制价文件导入**"，单击"**导入**"→"**上传**"按钮，在右侧界面会显示招标控制价的相关内容，如图 4-18 所示。

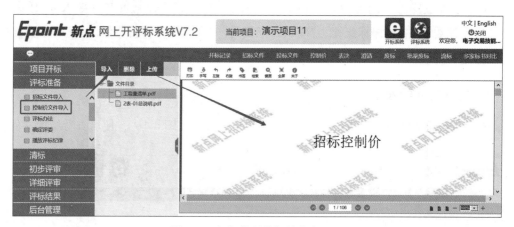

图4-18 招标控制价相关内容显示

3. 评标办法

选择"**评标办法**"，实训中，由于前期招标文件编制时，评标办法录入的是综合评估法，所以这里显示的是综合评估法，且无法修改。单击"**导出办法**"按钮（图 4-19），即可导出综合评估法。

图4-19 评标办法导出

单击"**初步评审**"按钮后，会显示初步评审设置的评分点。

单击"**详细评审**"按钮后，会显示经济标评审、技术标评审、综合标评审、其他评审所包括的内容。最后，要进行"**权重设置**"，即经济标评审、技术标评审、综合标评审和其他评审所占的评标权重。实训中，一般情况下，经济标评审得分权重设置为60%，技术标评审得分权重设置为20%，综合标评审得分权重设置为20%，其他评审得分权重设置为0。设置完成后，单击左上角"**保存权重**"按钮完成权重设置。

4. 确定评委

现实电子招投标系统是和评标专家库相连接的，打开专家库，确定评委即可。实训系统没有和评标专家库相连接，因此需要通过手动录入，以新增的方法进行评委的添加。

选择"**确定评委**"，在界面右上角有两个文本框：一个是"**评委姓名**"，另一个是"**所在单位**"。分别手动录入，录入一个评委后，单击"**新增评委**"按钮（图 4-20）。实训系统中，可以通过录入数字代表评委姓名和所在单位。正常情况下，评委的人数要符合规定，需要录入至少五位评委。

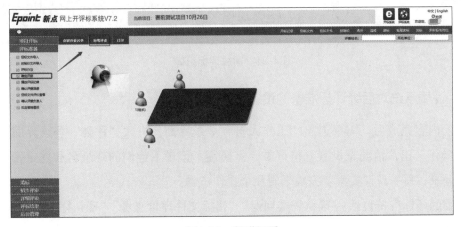

图4-20 新增评委

录入完成后，选择刚刚录入的评委，系统会出现这位评委的详细信息："**评委姓名**""**评委所在单位**""**登录名**""**登录密码**""**评委类型**""**是否组长**"等。这里需要手动记录几位评委的登录名和登录密码，以备接下来以评委的身份登录系统进行评标使用。

评委信息一栏还有四部分内容："**详细**""**编辑**""**删除**""**上传照片**"。

单击"**详细**"按钮，可以查看评委照片、上次登录时间、CA锁号。

单击"**编辑**"按钮，可以修改评委的具体信息，包括对"**身份证号码**""**评委类型**""**是否组长**""**甲方评委**"等信息进行编辑修改。实训系统中评委分为三种类型："**经济标评委**""**技术标评委**""**经济、技术标评委**"，正常情况下，系统默认的是"**经济、技术标评委**"。在现实中，评委类型一般是根据评委个人工作经历、擅长领域进行划分的。实训中，建议将2号评委设置为"**经济标评委**"，3号评委设置为"**技术标评委**"，其他三位评委可以不用设置，保持系统默认的"**经济、技术标评委**"类型。

"**是否组长**"可以不用编辑。评标委员会组长有两种确定方式：一种是评标委员会成员推举产生；另一种是招标人直接确定。在现实的招投标工作中，正常情况下采用第一种方式，即评标委员会成员推举产生。

5. 播放评标纪律

选择"**播放评标纪律**"（图4-21）进行播放即可。

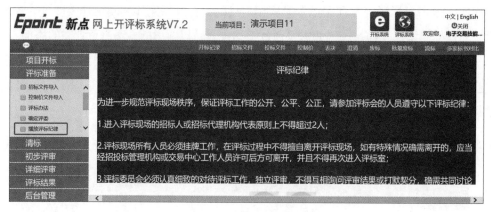

图4-21　播放评标纪律

6. 评委系统对后续评标准备的设置

以上内容完成后，需要退出"**工作人员**"登录界面，进入"**评委**"登录界面进行接下来的操作。正常情况是设置五位评委，需要逐个记录下他们的登录名和登录密码，然后逐个登录，每一位评委都要完成下面几个操作步骤。

评委的评标准备包括："**确认评委回避**""**招标文件评价查看**""**确认评委负责人**""**拟定答辩题目**"。

（1）确认评委回避

选择"**确认评委回避**"（图 4-22）。评委通过查看审核项目来决定选择"**不需要回避**"或"**需要回避**"。

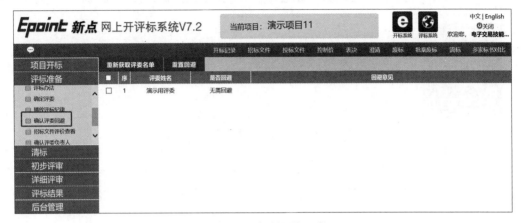

图4-22　确认评委回避

（2）招标文件评价查看

选择"**招标文件评价查看**"，这里需要评委输入"**评价意见**"，一般情况下，输入"**合格**"或"**通过**"即可，然后单击左上角"**通过**"按钮，评价通过界面如图 4-23 所示。

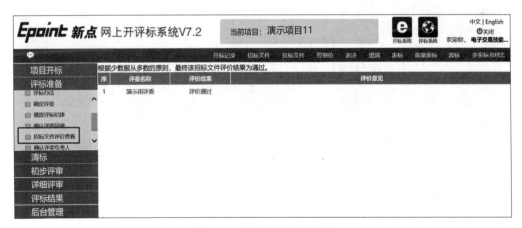

图4-23　招标文件评价通过

（3）确认评委负责人

选择"**确认评委负责人**"后，页面会显示"**请等待所有专家评委确认回避完成**"的提示。单击"**确认推荐**"按钮进行推荐，推荐完成后，界面如图 4-24 所示。

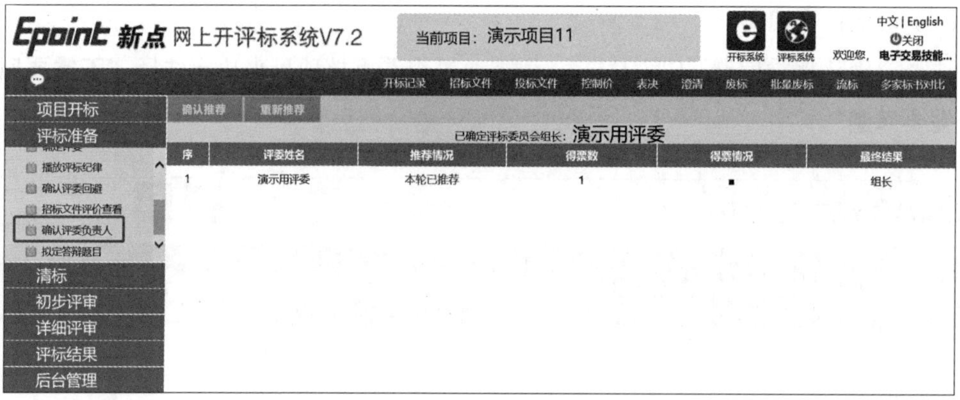

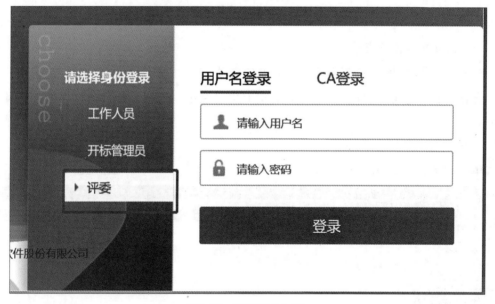

图4-24 确认评委负责人

由于一个评委一个登录名，所以确认完 1 号评委后，需要回到登录页面（图 4-25），依次登录 2 号评委、3 号评委、4 号评委、5 号评委，完成每位评委的准备工作。

图4-25 评委登录入口

7. 工作人员系统对后续评标准备工作的设置

全部完成后，退出"**评委**"登录系统，重新用"**工作人员**"身份登录进行下列操作。

（1）评委回避

选择"**评委回避**"，可以查看到所有评委是否回避的信息（图 4-26）。实训中，一般情况下，所有评委都选择"**不需要回避**"。

图4-26 评委回避情况查看

（2）招标文件评价

选择"**招标文件评价**"（图 4-27）可以录入评委对招标文件的评价。实训中，一般情况下，所有评委对招标文件的评价都是"**合格**"或"**通过**"。

图4-27 招标文件评价

（3）推荐评委负责人

评委负责人是需要评委之间相互推选的，工作人员无权推荐评委负责人，也无操作权。所以，要退出"**工作人员**"系统，重新登录"**评委**"系统。登录后，进入"**推荐评委负责人**"页面（图 4-28），页面会显示推荐规则："**组长推荐采用简单多数原则，即以得票最多的评委为评标委员会组长**"。在想要推荐的评委下方单击"**确认推荐**"按钮即可。现实情况中，评委界面会展示每一位评委的照片、姓名、年龄、所在单位、评标次数等详细信息，一般情况下，会推荐从业时间长的德高望重的，或评标次数多的评标经验丰富的评委作为组长。

注意：每一位评委登录推荐时，所有评委都可以被选择，包括自己。

每一位评委都要登录进行选择。最后，系统会默认得票数最多的评委为最终的评委负责人。如，共有 5 位评委，当第 5 位评委选择确认推荐后，页面上方会显示"**已确定评标委员会组长：×××**"。

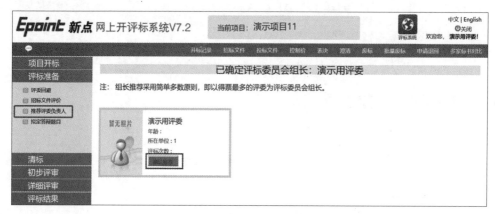

图4-28　推荐评委负责人

8. 拟定答辩题目

选择"**拟定答辩题目**"，单击"**新增题目**"按钮（图 4-29），在"输入题目内容"文本框中输入新增的答辩题目即可。这部分可以拟定也可以不拟定，实训中，可以不用拟定。

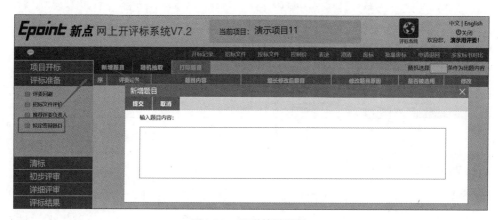

图4-29　拟定答辩题目

以上所有步骤完成后，就完成了"**评标准备**"工作。

4.3.3　清标

清标的工作程序主要包括："**多线程清标**""**清单符合性检查**""**措施项目符合性检查**""**其他项目符合性检查**""**取费检查**""**计算错误检查**""**清标结果**""**标书雷同性分析**"。

1. 多线程清标

"**多线程清标**"界面如图4-30所示。多线程是一个编程术语，是指能够在同一时间执行多个线程（即任务）。

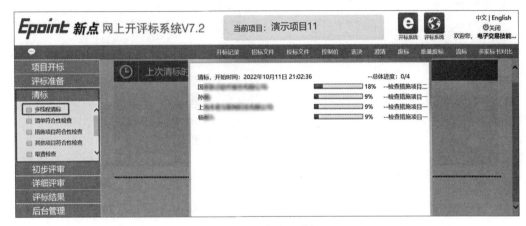

图4-30 多线程清标

2. 清单符合性检查

"**清单符合性检查**"（图4-31）用于检查投标文件中的清单项目名称、计量单位、工程数量等是否与招标文件信息一致。

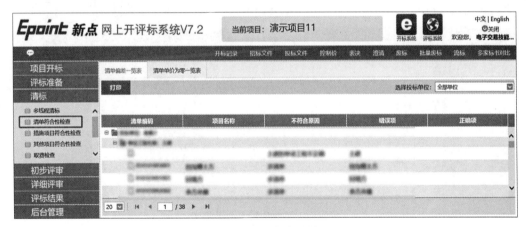

图4-31 清单符合性检查

3. 措施项目符合性检查

"**措施项目符合性检查**"（图4-32）用于检查投标文件与招标文件比较，是否存在措施项目多项、缺项，名称、特征、计量单位、工程量等是否有错误。

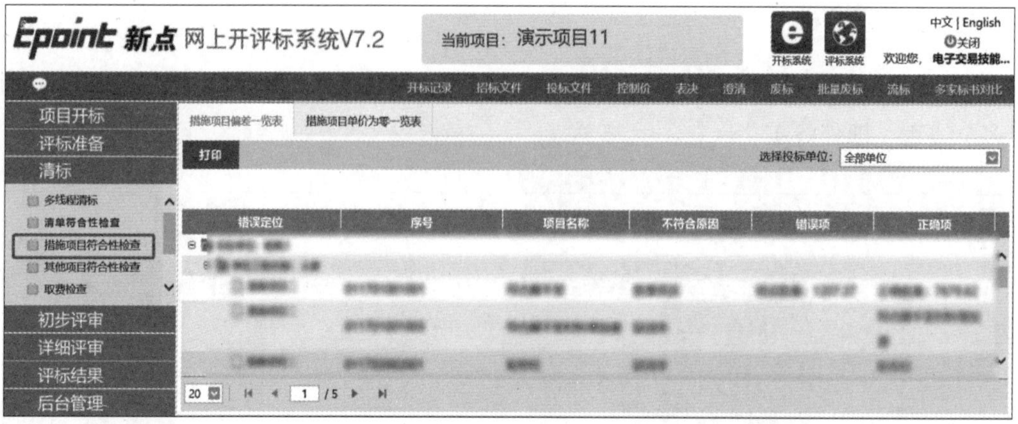

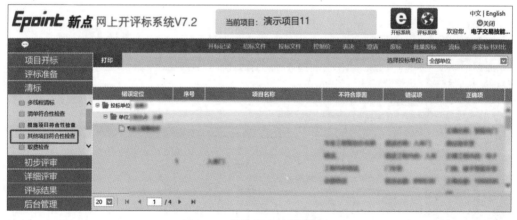

图4-32 措施项目符合性检查

4. 其他项目符合性检查

"**其他项目符合性检查**"（图4-33）主要用于检查：**暂列金额**和**暂估价**是否与招标文件一致。暂列金额检查是否多项、缺项，名称、单位、金额等是否与招标文件一致；材料和专业工程暂估价检查名称、规格、单位、单价是否与招标文件一致；

其他暂估价（人、材、机）根据序号检查是否多项、缺项，名称、数量是否与招标文件一致。

图4-33 其他项目符合性检查

5. 取费检查

"**取费检查**"（图4-34）主要检查**费率**和**计算金额**是否正确。首先，核对**费率**是否与招标文件**规定费率**设置一致；其次，核对**取费基数**乘以**费率**，是否等于对应的**计算金额**。

图4-34 取费检查

6. 计算错误检查

"**计算错误检查**"（图4-35）主要是针对清单中的单价乘以数量是否等于总价，进行计算复核。

注意：由于一份清单的数据是海量的，所以逐条复核的工作在短时间内是无法完成的，现实中，一般进行抽查复核。评委会随机查看，随机抽查某些关键部分的报价进行工程量、单价、计算总价的复核。

以上所有内容检查完后，单击"**开始清标**"按钮，系统会自动开始清标，完成后单击"**已完成**"按钮，页面会显示具体的"**清标完成时间**"以及"**清标人**"。此时，可以逐条检查清单结果。实训中，一般每一项都会显示错误为0，即没有问题。接下来，可以查看最终清标结果。

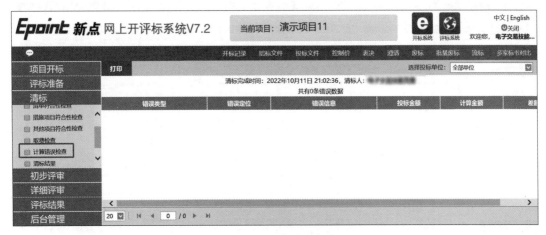

图4-35 计算错误检查

7. 清标结果

"清标结果"（图4-36）页面会同时显示"**清标符合要求单位一览表**"和"**清标错误单位一览表**"。实训中，完成投标后，正常情况下，投标单位名称都会罗列在"**清标符合要求单位一览表**"中。

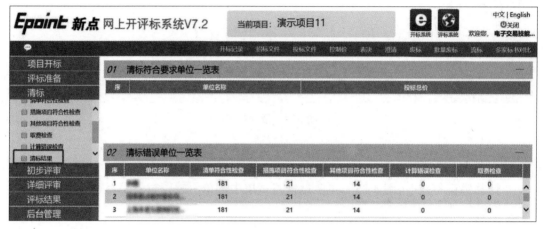

图4-36 清标结果

8. 标书雷同性分析

雷同性分析是在现实招投标中，为了防止投标人之间围标、串标等违法行为而设置的一种检查方式。"**标书雷同性分析**"（图4-37）包括："**标书特征码**""**特征码比对**""**技术标雷同性分析**""**经济标错误雷同性分析**""**清单比对**"。

图4-37 标书雷同性分析

在"**标书特征码**"中，系统页面会列表展示每一家投标人的"**文件制作机器码**"，如果实训过程中是在同一台电脑上进行的多个投标文件的制作，则这里的"**文件制作机器码**"就是一样的。

注意：在现实招投标中，如果发现两份标书"**文件制作机器码**"一致，说明两家投标人之间有围标、串标的行为，将全部作为废标处理。因为，正常情况下，投标文件是保密的，投标人信息也是保密的，且一家公司只能制作一个投标文件。

在"**特征码比对**"中，系统页面会进一步将各投标人之间的"**文件制作机器码**"进行两两比对。实训中，如果两份标书是同一台电脑制作的，这里在"**特征**"栏中会显示"**文件制作机器码一致**"的字样。

在"**技术标雷同性分析**"中，系统页面会展示"**相似度分析结果呈现表**"，这是对各投标人标书的相似或重合部分进行的百分比展示。这种分析在实训中意义不大，只是为了让学生们了解这个清标的过程。但在现实中，如果相似度比例超标，会直接影响相似双方的投标评分和中标结果。

在"**经济标错误雷同性分析**"中，系统页面会列表展示各投标人的投标书中，经济标部分错误相同或雷同的部分。因为，如果投标书中经济计算的错误都是一样的，说明投标人之间可能有串标、围标等违法行为。

在"**清单比对**"中，首先单击左上角"**选择需要对比的单位**"按钮，可以同时选中多家投标单位，然后，单击"**开始检查**"按钮。系统会全面展示检查的结果，也就是选中的投标单位的投标文件雷同或相同的条数。这种对比在实训中意义不大，仅仅是为了让学生们了解清标过程中会出现的清标结果。但现实中，这样的评标系统设置会极大地提高清标的工作效率和准确度。

清标工作完成后，就要进入初步评审阶段。初步评审才是评标活动的开始，招标代理的工作任务到这里也就完成了。

4.3.4　初步评审

初步评审的主要操作流程包括："**初步评审**""**初步评审汇总**""**废标结果查看**"。

1. 初步评审

用"**评委**"身份登录系统，打开"**初步评审**"页面。系统中，"**初步评审**"评分方式包括："**完整打分**"（图4-38）、"**按单位打分**""**按评分点打分**"。三种评审方式虽然不同，但评审内容是一致的。实训中，一般进行一个"**完整打分**"就可以了。通过单击页面上方工具条"**您所在的位置**"的**左右箭头**，可以进行投标单位的切换，从而对不同的投标单位投标文件进行查看、评审。

图4-38 完整打分

在现实招投标中，"**初步评审**"还包括如下详细操作：

从系统页面**左侧列表**可以查看到，评审内容包括："**1 形式评审**""**2 资格评审**""**3 响应性评审**"。每一部分里又包括多个评审点，当选中其中的某一评审点时，右侧页面会自动跳转到投标文件中对应部分的详细投标内容。例如，"**1 形式评审**"中包括的评审点有："**1.1 投标人名称**""**1.2 投标函签字盖章**""**1.3 投标文件格式**""**1.4 报价唯一**"。

初步评审的方式比较简单，选择"**通过**"和"**不通过**"即可，无须评分。选择"**通过**"，系统不会有变化，但选择"**不通过**"时，会出现一个**笔头图标**，单击后，需要在提示框中输入不通过的评审意见。实训中，"**初步评审**"各部分核对无误后选择"**通过**"即可。系统为了简化操作，在右上角设置了"**全部通过**"按钮，单击后，可以一次性通过所有评审，提高效率。

最后，单击"**确认提交**"按钮，系统会提示"**初步评审结果提交后将不能修改**"，单击"**确定**"按钮提交。

在实训系统中，有几位评委就要初步评审几次，要用每一位评审的身份登录，完成他们的初步评审并提交。完成后，将进入"**初步评审汇总**"环节。

2. 初步评审汇总

"**初步评审汇总**"是需要评委会负责人来完成的。用评委会负责人的登录名和登录密码登录系统。打开"**初步评审汇总**"页面（图4-39），逐个查看不同评委的初步评审意见并审核无误后，单击左上角"**确定**"按钮即可。

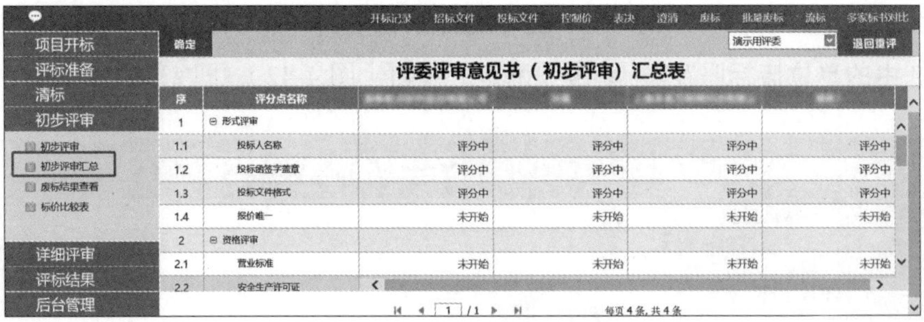

图4-39 初步评审汇总

3. 废标结果查看

打开"**废标结果查看**"页面，单击需要废标的单位名称，页面弹出"**废标**"对话框，需要录入"**否决投标节点**"和"**否决投标原因**"（图 4-40）。其中"**否决投标节点**"包括："**清标环节废标**""**初步评审**""**详细评审**"。

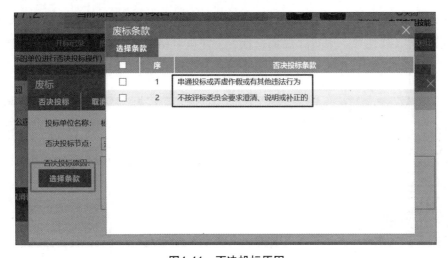

图4-40 废标结果查看

"**否决投标原因**"有两种录入方式：一是手动录入；二是单击"**选择条款**"按钮，选择原因选项。系统共提供了两种常见选择原因："**串通投标或弄虚作假或有其他违法行为**"；"**不按评标委员会要求澄清、说明或补正的**"（图 4-41）。

图4-41 否决投标原因

选中相应的否决投标原因后，单击"**选择条款**"→"**否决投标**"按钮，会出现提示"**确定把选中的单位废标吗？**"，单击"**确定**"按钮（图 4-42），即完成了废标。

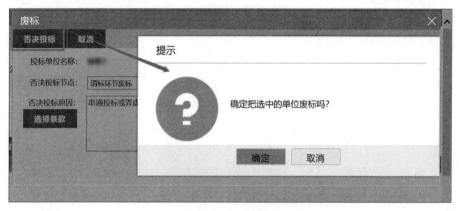

图4-42　确定废标

完成废标后，选择"**废标结果查看**"（图 4-43）可以查看到被废标的投标单位一览表。

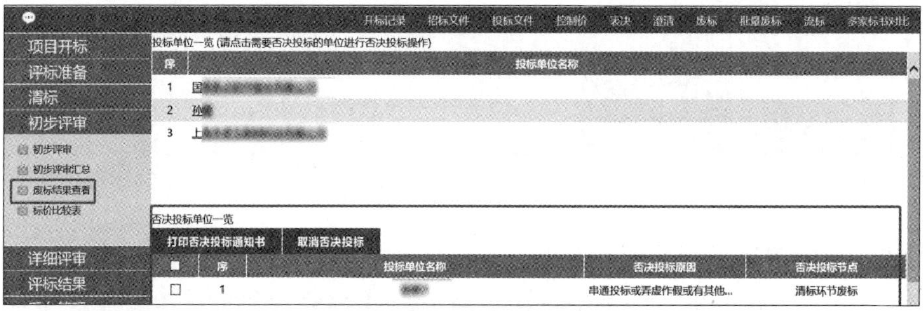

图4-43　废标结果查看

"**标价比较表**"（图 4-44）里提供了所有投标单位投标文件中的详细报价，包括：清单费、措施费、其他费、规费、税金、合计、评审价格。评委可以同时对几家投标单位的报价进行横向对比。

图4-44　标价比较表

4.3.5 详细评审

详细评审包括："**经济标打分**""**技术标打分**""**综合标打分**""**其他打分**""**各项评分汇总**"。

1. 经济标打分

打开"**经济标打分**"对话框，可以发现，系统已经给出了分数（图4-45）。因为，前面招标文件编制评标规则的时候，经济标评分是客观评分，所以当所有数据完善后，系统会进行自动评分。

选择"**投标报价**"，可以查看到所有投标单位的报价、基准值、偏离率、得分。

单击"**确认提交**"→"**确认提交**"按钮，即完成了经济标打分。

图4-45 经济标打分

2. 技术标打分

打开"**技术标打分**"对话框（图4-46），可以看到系统页面左侧列表一共有8个评分点，每个评分点都有对应的分值，其中，内容完整性和编制水平为0～3分，施工方案与技术措施为0～3分，质量管理体系与措施为0～3分，安全管理体系与措施为0～3分，环保管理体系与措施为0～3分，工程进度计划与措施为0～3分，资源配备计划为0～1分，新技术、新材料、新工艺的应用为0～1分。选择一个评分点后，系统右侧页面会出现对应投标文件内容。而左侧评分点下方列表则是投标单位标书目录，也可以通过单击投标单位标书目录下的文件项查看对应的投标文件部分内容。

现实招投标中，评委是要根据投标文件的实际情况并结合工程实践经验对各部分内容进行评分的。但实训中，仅仅是模拟，可以设置2～3项扣分点，扣0.5～2分，其他几项基本可以评为最高分值。

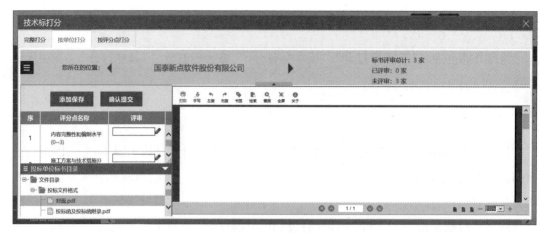

图4-46 技术标打分

实训中，每位评委都要对所有的投标文件进行评分，完成后，单击页面左上角"**添加保存**"按钮，评完一家投标文件，要进行切换，保证对所有投标文件都进行了评分。全部完成后，单击"**确认提交**"按钮，系统列表查看无误后，再次单击"**确认提交**"按钮。

3. 综合标打分

打开"**综合标打分**"对话框（图4-47），可以看到系统页面左侧列表一共有3个评分点，每个评分点都有对应的分值，其中，项目经理资格与业绩为0～10分，技术负责人资格与业绩为0～10分，其他主要人员为0～4分。选择一个评分点后，系统右侧页面会出现对应投标文件部分内容。而左侧评分点下方列表则是投标单位标书目录，也可以通过单击投标单位标书目录下的文件项查看对应的投标文件部分内容。

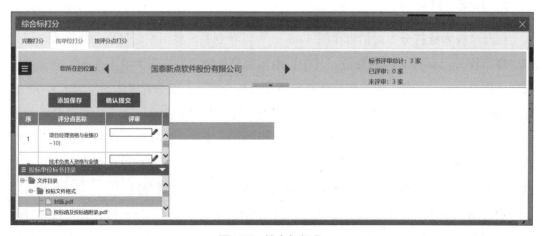

图4-47 综合标打分

实训中，仍然设置1～2项扣分点，扣1～5分，其他几项基本可以评为最高分值。

打完分后，单击"**添加保存**"按钮，切换单位再进行打分直至所有单位打分完毕，单击"**确认提交**"→"**确认提交**"按钮。

4. 其他打分

现实招投标中，需要根据招标文件内容设置对应的评分点。

5. 各项评分汇总

"**各项评分汇总**"和"**初步评审汇总**"一样，也是需要评委会负责人来完成的。用评委会负责人的登录名和登录密码登录系统。打开"**各项评分汇总**"界面（图4-48），页面展示了3部分汇总："**经济标评审汇总**""**技术标评审汇总**""**综合标评审汇总**"。经过审核，无异议的，单击左上角的"**确定**"按钮。

1）**评委打分权限**。在前期进行评委设置时，一般会设置1位经济标评委，1位技术标评委，3位经济、技术标评委。经济标评委在系统中只能对经济标进行打分；技术标评委只能对技术标进行打分。

2）**评委打分偏差**。评委会负责人在检查各项评分汇总时，要查看每位评委对每份投标文件的经济标、技术标和综合标打分。如果发现某一位评委的某一项分值与其他几位评委打分偏差较大，则评委会负责人有权退回，要求该评委重新打分，单击右上角"**退回重评**"按钮即可。

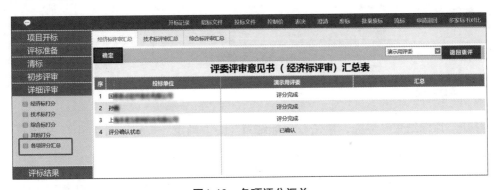

图4-48 各项评分汇总

4.3.6 评标结果

评标结果包括："**最终排名**""**评委签章**""**评标结束**""**评标报告**"。

1. 最终排名

选择"**最终排名**"（图4-49），系统会展示几家投标单位的排名具体情况，单击"**汇总排名**"→"**确定**"按钮，系统排名确认后，评委会负责人还需要单击上方"**组长确认**"按钮。

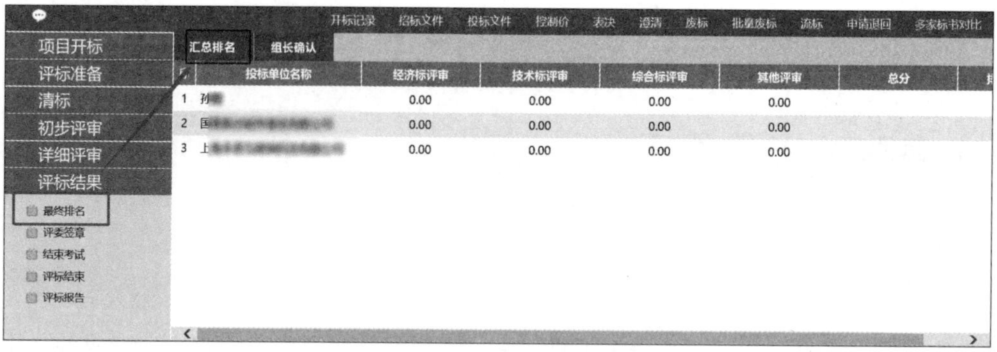

图4-49　最终排名

2. 评委签章

"评委签章"包括："集体签名部分""个人签章部分"（图4-50）。各评委插入CA锁，进行签章操作即可。

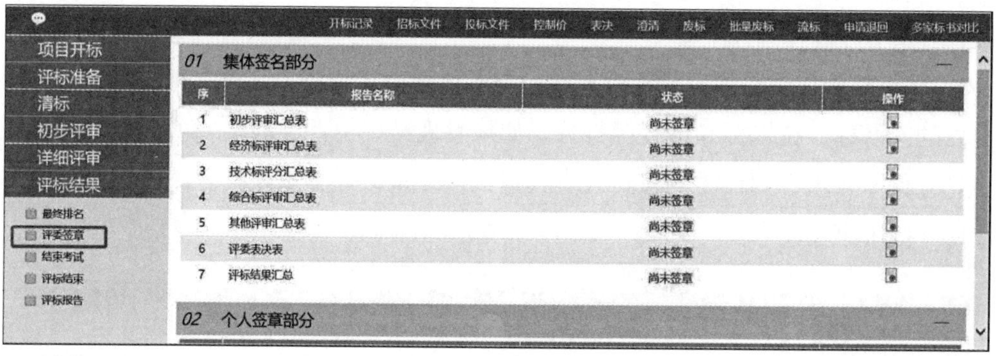

图4-50　评委签章

3. 评标结束

打开"评标结束"界面，单击"评标结束"→"确定"按钮（图4-51）。系统页面会显示"评标结束时间"和"操作人"，操作人显示的是评委编号。

图4-51　评标结束

4. 评标报告

打开"**评标报告**"界面（图4-52），可以查看从开标到初步评审再到详细评审的各部分评标记录。

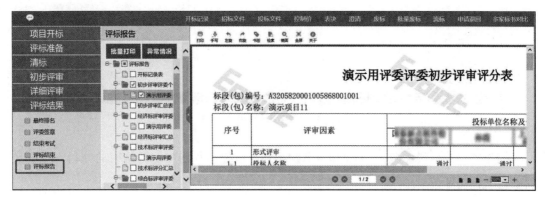

图4-52 评标报告

完成后，可以打开"**开标情况**"界面查看各标书的具体情况（图 4-53）。

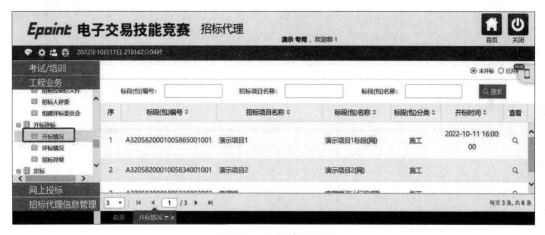

图4-53 开标情况查看

4.3.7 定标

退出"**评委**"系统，回到主页面，用"**招标代理**"身份重新登录。

"**定标**"包括："中标候选人公示""中标结果公告""中标通知书"。

1. 中标候选人公示

单击"**新增中标候选人公示**"按钮（图 4-54），仍然通过新增的方式完成中标候选人的公示。

图4-54　新增中标候选人公示

打开"**挑选标段（包）**"对话框（图4-55），系统会罗列出评标结束的项目，选中实训中完成的项目。

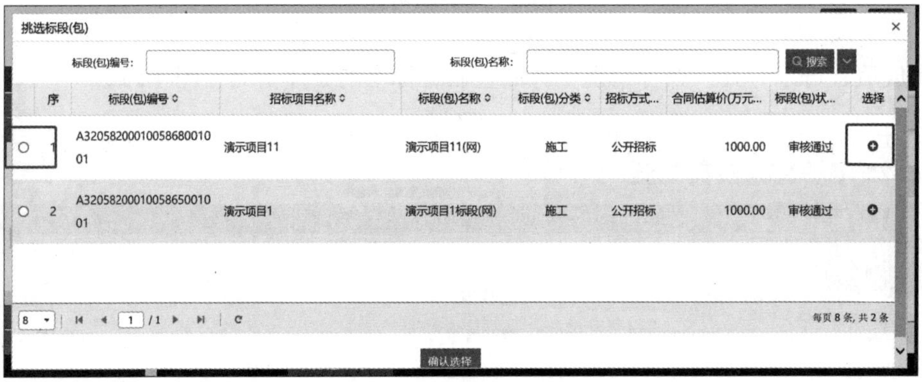

图4-55　挑选标段（包）

"**中标候选人列表**"中的排名就是评标排名，无须录入，系统直接同步显示。接下来需要完善"**中标候选人公示信息**"，填写"**公示开始日期**"和"**公示结束日期**"，填完后单击"**提交信息**"按钮（图4-56）。

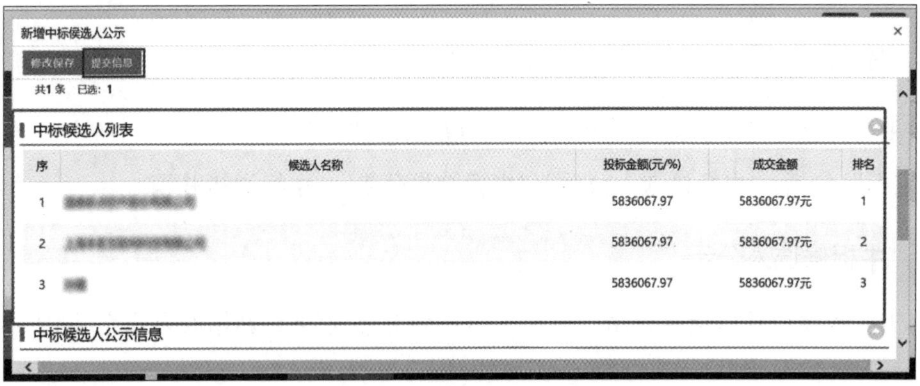

序	候选人名称	投标金额(元/%)	成交金额	排名
1		5836067.97	5836067.97元	1
2		5836067.97	5836067.97元	2
3		5836067.97	5836067.97元	3

图4-56　中标候选人公示信息

注意：公示时间不得少于3个工作日。"**发布媒体**"录入"**公共电子交易中心平台**"。

单击"**电子件管理**"按钮进行签章。以上步骤完成后，中标候选人公示就已经发布成功了，如图4-57所示。

图4-57 中标候选人公示

2. 中标结果公告

中标人具体是谁，由招标人结合项目实际情况以及投标人的实际情况进行综合考量，最终确定中标人，一般情况下是排名第一的投标人被确定为中标人。

单击"**新增中标结果**"（图4-58），在"**挑选标段（包）**"对话框（图4-59）中挑选相应的标段，最后单击"**确认选择**"按钮。

"**发布媒体**"录入"**公共电子交易中心平台**"。

图4-58 新增中标结果

图4-59 挑选标段（包）

单击"**生成中标结果公告**"→"**修改保存**"→"**提交信息**"→"**确认提交**"按钮提交中标结果公告。提交后就可以进行中标结果信息查看了，如图4-60所示。

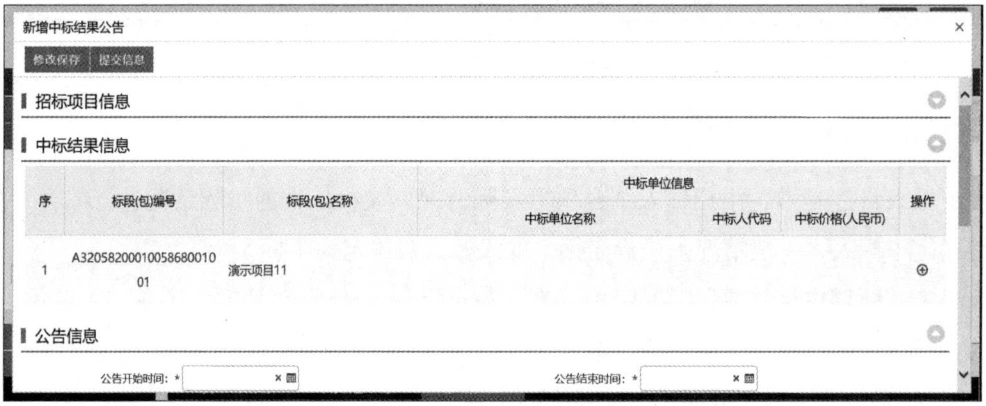

图4-60 中标结果查看

单击"**检索**"按钮（图4-61），可以进行中标单位名称的搜索。

图4-61 中标结果检索

如果需要调整中标结果，单击"**修改保存**"按钮（图4-62）。

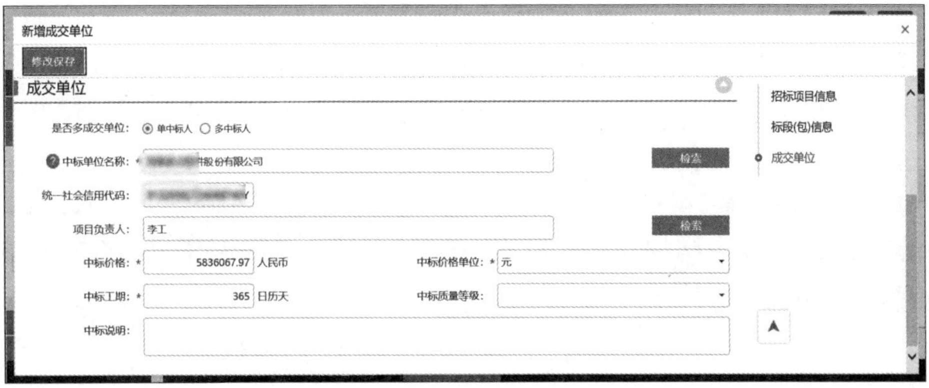

图4-62 中标结果修改保存

确定中标人后，单击"**提交信息**"按钮（图4-63），完成中标结果公告提交。

图4-63 中标结果公告提交

从"**中标结果公告**"中可以查看到中标结果，且"**审核状态**"为"**审核通过**"（图4-64）。

图4-64 中标结果公告完成

3. 中标通知书

在"**中标通知书**"页面，单击"**新增中标通知书**"按钮（图 4-65），打开"**挑选标段（包）**"对话框（图 4-66）选好标段后单击"**确认选择**"按钮，在"**新增中标通知书**"对话框中单击"**提交信息**"按钮（图 4-67），审核通过后就完成了中标通知书的发布（图 4-68）。

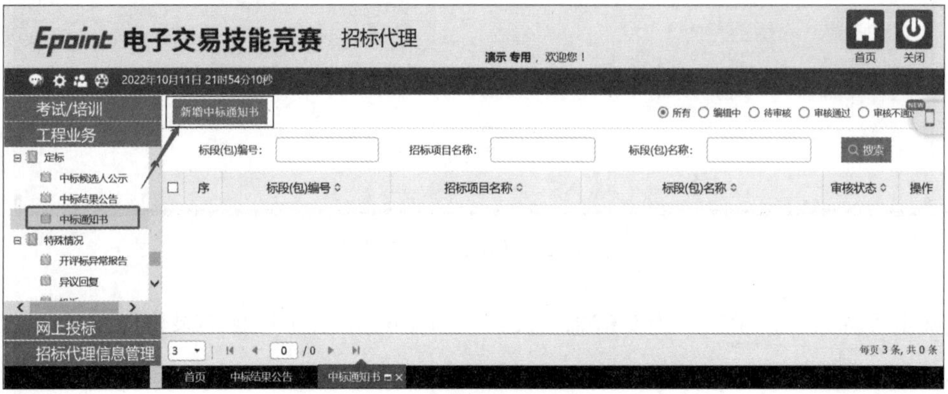

图4-65　新增中标通知书

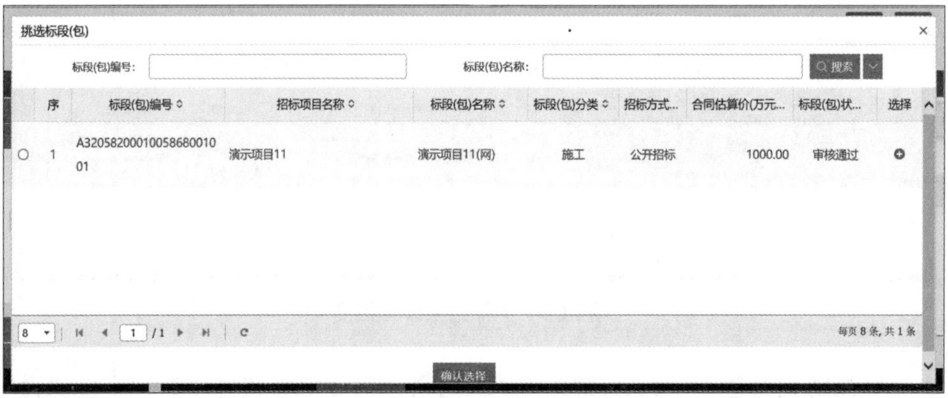

图4-66　挑选标段（包）

图4-67　提交中标通知书

图4-68 中标通知书发布完成

完成中标通知书发布后，回到首页，单击"**中标项目**"选项卡（图 4-69）就可以看到已发布的中标通知书。

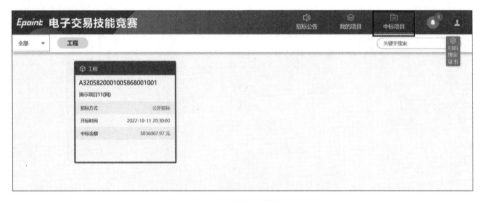

图4-69 中标通知书发布界面

直接打开该中标通知书就可以查看到该中标通知书的所有内容。

此时，回到"**项目管理**"界面（图 4-70），可以看到"**中标通知书查看**"前已经有"√"，表示已经完成该环节的操作。

图4-70 项目流程完成界面

本系统显示的中标通知书样例如图 4-71 所示。

图4-71　中标通知书样例

第 5 章
CHAPTER 5

招投标清单编制及模拟实训

5.1 招投标清单编制的流程

5.1.1 招标工程量清单编制的流程

招标工程量清单编制的主要流程包括：新建项目、计价程序、分部分项工程、招标工程量清单编制。详细流程见表 5-1。

表5-1 招标工程量清单编制的流程

序号	主要流程	详细流程
1	新建项目	新建项目
		单项工程
		单位工程
2	计价程序	
3	分部分项工程	
4	招标工程量清单编制	清单内容
		清单特征和工作内容
		清单工程量
		措施项目
		其他项目
		生成招标清单

5.1.2　投标清单编制的流程

投标清单编制的流程见表5-2。

表5-2　投标清单编制的流程

序号	流程
1	分部分项工程
2	措施项目
3	其他项目
4	计日工
5	总承包服务费
6	材料暂估价
7	人材机
8	生成投标文件

5.2　招投标清单编制的工作内容

5.2.1　招标工程量清单编制的内容

招标工程量清单由招标人（或招标代理）根据工程量清单的国家标准、行业标准、行业标准施工招标文件、招标项目特征和实际需要进行编制，是投标人投标报价和签订合同协议书的依据，也是确定合同价格的唯一载体。

工程量清单包括：工程量清单说明、投标报价说明、其他说明、招标工程量清单（包括工程量清单表、计日工表、暂估价表、投标报价汇总表、工程量清单单价分析表）。前三部分均为说明性内容，为解读和使用第四部分的内容服务。第四部分提供的是系列表格。

5.2.2　招标工程量清单编制的依据

招标工程量清单是根据招标文件中包括的、有合同约束力的图样，以及有关工程量清单的国家标准、行业标准、合同条款中约定的工程量计算规则编制的。约定计量规则中没有的子目，其工程量按照有合同约束力的图样所标示尺寸的理论净量计算。计量时采用法定计量单位。

5.2.3　招标工程量清单编制说明

招标工程量清单应与招标文件中的投标人须知、通用合同条款、专用合同条款、计算标准和要求以及图样等一起阅读和理解。

1. 专业术语要求

工程量清单中所使用的专业术语与投标人须知、评标办法、通用合同条款是相互衔接的。工程量清单的内容也反映了通用合同条款的要求。投标人须知、评标办法和通用合同条款均属于不可修改的部分，其中的术语、要求反映的内容以及必要的结构形式应当遵照沿用。这类专业术语包括计日工、暂估价、暂列金额等。

2. 分类子目要求

常见的工程量清单中的分类子目是有国家或行业规定的，在所有造价软件系统中都可以直接进行选择。但有时候由于项目自身的特征，需要进行子目内容的补充，以完善招标文件中所约定的国家或行业标准工程量计算规则中没有的子目，或者为了方便计量而对所约定的工程量清单中规定的若干子目进行适当拆分或者合并。

在使用《标准施工招标文件》时，应当约定采用国家或行业标准的某一工程量计算规则。如果没有国家或行业标准，则应在工程量清单中扩展一部分内容——×××工程量计算规则及子目工程内容说明，且作为工程量清单的一个相对独立的组成部分。子目工程内容说明可将一些具有共性的内容提取出来集中列示，有利于避免分部分项工程量清单中出现过多乃至重复的文字说明。

5.2.4 投标清单编制的内容和说明

1. 报价要求

投标清单的主要工作内容就是在招标工程量清单的基础上进行报价（也称组价）。对招标工程量清单中的每一个子目必须进行报价，且只允许有一个报价。工程量清单中投标人没有填入单价或价格的子目，其费用视为已经分摊在工程量清单中其他相关子目的单价或价格之中。

填入招标工程量清单中的单价或金额，应包括所需人工费、施工机械使用费、材料费、其他费用（运杂费、质检费、安装费、缺陷修复费、保险费），以及管理费、利润等。措施项目与其他项目费用是否分摊到分部分项工程的子目单价中，涉及工程量清单的子目列项和表现形式，可以在行业标准施工招标文件或招标人编制的招标文件中明确。

子目单价组成不包括规费和税金等不可竞争费。目前，在水利水电、公路、航道港口等工程项目中实行的工程量清单单价，以及国际工程项目上通行的工程量清单综合单价，一般是指全费用的综合单价。

2. 暂列金额

暂列金额是工程量清单中规定并包括在合同价款中的一笔款项，用于施工合同签订时，尚未确定或不可预见的所需材料、设备、服务的采购，施工中可能发生的工程变更，合同约定调整因素出现时的合同价款的调整，以及发生索赔、现场签证确认等的费用。

3. 暂估价

暂估价的数量及拟用子目应当结合工程量清单中的暂估价表给予充分说明。如果暂估价表已包括拟用子目的说明，则此处没必要做充分说明，只需要提醒投标人暂估价的价格组成及与投标报价的关系即可；如果暂估价表中没有包括拟用子目的说明，则可以在此处说明。说明分为以下两种情况：

（1）材料、工程设备暂估价

材料、工程设备的暂估价仅指此类材料、工程设备本身运至指定地点的价格，不包括这些材料、工程设备的安装，安装所必需的辅助材料，驻厂建造，发生在现场内的验收、存储、保管、开箱、二次倒运、从存放地点运至安装地点以及其他任何必要的辅助工作所发生的费用。以上这些费用已经包括在投标价格中且价格固定，是投标价格中不可变更的那部分。

（2）专业工程暂估价

专业工程暂估价是指分包人实施专业分包工程所有供应、安装、完工、调试、修改缺陷等全部工作的暂估费用。一般应是综合暂估价，包括人工费、材料费、施工机具使用费、企业管理费和利润，不包括规费和税金。该暂估价中不包括合同约定的承包人应承担的总包管理、配合、协调和服务等费用，这些费用已经包括在投标价格中，且价格固定，是投标价格中不可变更的部分。

4. 其他项目

（1）计日工

计日工是以完成零星工作所消耗的人工工时、材料数量、机械台班进行计量，并按照计日工表中填报的适用项目的单价进行计价支付。计日工适用的零星工作一般是指合同约定之外的或者因变更而产生的、工程量清单中没有相应项目的额外工作。计日工表由人工、材料、机械及其小计和总计组成，使用的人工、材料、机械按综合单价计算价格。

（2）总承包服务费

总承包服务费是指总承包人为配合、协调建设单位进行的专业工程发包，对建设单位自行采购的材料、工程设备等进行保管以及施工现场管理、竣工资料汇总整理等服务所需的费用。建设工程工程量清单计价模式中总承包服务费包含两部分内容：总包向分包收取的配合费和管理费。

编制招标控制价时，总承包服务费应根据招标文件列出的服务内容和要求按下列规定计算：

1）招标人仅要求对分包的专业工程进行总承包管理和协调时，按分包的专业工程估算造价的 1.5% 计算。

2）招标人要求对分包的专业工程进行总承包管理和协调，并同时要求提供配合服务时，根据招标文件列出的配合服务内容和提出的要求，按分包的专业工程估算造价的 3% ~ 5% 计算。

3）招标人自行供应材料和工程设备的，按招标人供应材料和工程设备总价值的 1% 计算。

编制投标报价时，总承包服务费应依据招标人在招标文件中列出的分包专业工程内容和供应材料、设备情况，按照招标人提出的协调、配合与服务要求和施工现场管理需要由投标人自主确定。

编制竣工结算时，总承包服务费应依据合同约定的金额计算，发承包双方依据合同约定对总承包服务费进行了调整的，应按调整后的金额计算。

分包工程不与总承包工程同时施工时，总承包单位不提供相应服务，不得收取总承包服务费；虽在同一现场同时施工，但总承包单位未向分包单位提供服务的或由总承包单位分包给其他施工单位的，不应收取总承包服务费。

5.3 工程招投标清单造价软件模拟实训

5.3.1 软件安装与卸载

企业注册入库是进行项目招投标前的重要准备工作。其目的是确保招标代理企业能够在公平公正、合法合规的行业监管下开展招标代理业务。需要提交企业相应的资质证明材料以及相关信息，并经过相关主管部门的审核，审核完成后，该企业才能够取得招标代理业务的资格。

在实训过程中，学生模拟招标代理企业，实训教师模拟负责审核的主管部门。学生将自己模拟的企业信息注册并录入招投标实训系统中，就完成了代理企业入库。只有完成了代理企业入库，才能够取得招标代理资格，从而进入下一个实践操作环节。

1. 新点清单造价软件安装

通过搜索引擎搜索"**新点标桥**",或直接输入网址"www.bqpoint.com"进入门户网站,单击"**下载**"(图 5-1)。

图5-1　计价软件下载入口

在弹出的界面的"**全部分类**"中,找到"**计价软件**",选择实训相应地区,再打开"**新点 2013 清单造价 V(江苏版)10.X**"(图 5-2)。

图5-2　选择计价软件

单击"**下载**"按钮(图 5-3)即可进行软件安装包的下载。

注意:①软件下载前需具备标桥账号,如无,下载时可直接进行免费注册。②软件下载前，先检查磁盘空间是否足够。

图5-3　下载计价软件

软件采用向导式安装界面，按安装向导操作即可。双击软件安装包，单击"**下一步**"（图 5-4）→"**下一步**"（选中"**我同意该许可证协议的条款**"单选按钮）（图 5-5）→"**下一步**"（选中或不选中"**参加产品用户体验改善计划**"复选框）（图 5-6）→"**下一步**"（设置"**选定安装的组件**"为"**新点 BIM 量筋合—江苏版**"）（图 5-7）→"**安装**"（选择安装路径）（图 5-8）→"**下一步**"（图 5-9）→"**完成**"（图 5-10）按钮。

注意：修改安装路径时，建议只修改盘符，如将 C 盘修改为 D 盘，不要修改盘符后面的文件夹路径。

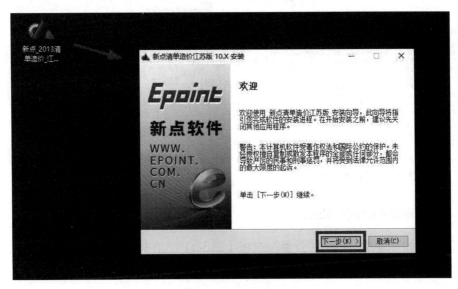

图5-4　打开安装包

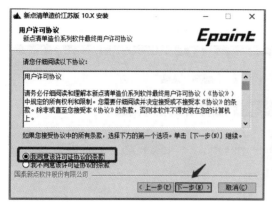

图5-5 安装第一步

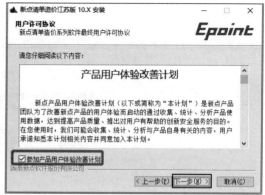

图5-6 安装第二步

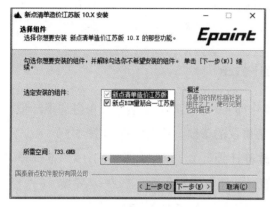

图5-7 安装第三步

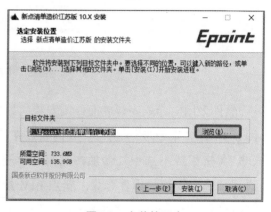

图5-8 安装第四步

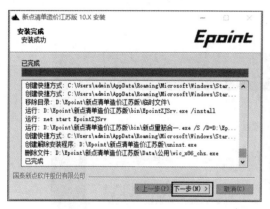

图5-9 安装第五步

图5-10 安装完成

2. 新点清单造价软件卸载

打开"**开始**"菜单,单击"**设置**"按钮(图5-11),在打开的"**Windows 设置**"窗口中选择"**应用**"(图5-12)。

图5-11　软件卸载第一步

图5-12　软件卸载第二步

在弹出的界面中，找到"**新点清单造价江苏版 10.X**"，选中之后，单击"**卸载**"按钮，再单击"**卸载**"按钮，即完成卸载（图 5-13）。

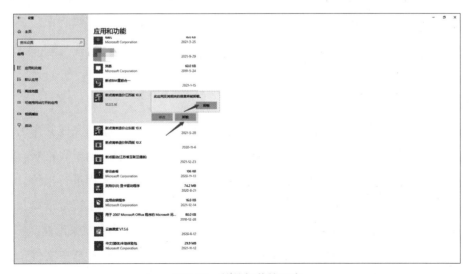

图5-13　软件卸载第三步

3. 加密锁设置

加密锁在软件安装过程中，默认已经安装加密锁驱动，正常情况下不需要重新安装。如果打开软件发现加密锁没有安装成功，有两种解决方法：①插入加密锁并保证灯亮。②确认一下锁的类型，以编号"E"开头的为四代加密锁，以编号"2"开头的为五代加密锁，单击"**一键修复**"按钮（图5-14），然后重新插入加密锁即可进入操作首页。

图5-14　加密锁修复

4. 新点清单造价软件主界面构成

新点清单造价软件主界面主要由项目树、单项工程信息、单位工程造价信息构成。分部分项工程界面主要由快速访问工具栏、菜单栏、界面工具条、编辑界面、编辑辅助界面、清单定额库、状态栏构成。

5.3.2　招标工程量清单

招标工程量清单即工程量清单，是由招标人或招标代理机构编制完成并作为招标文件的组成部分一起发放给潜在投标人的一种文件，通常有软件版和电子表格版。潜在投标人必须根据招标工程量清单对工程进行投标清单的编制，并对工程进行报价，形成商务标，作为投标文件的一部分。通常采用清单编制软件来编制招标工程量清单，常见的方法有两种：一种是手动输入编制；另一种是通过电子表格导入的形式来编制。

本节内容旨在说明如何使用新点清单造价软件来编制招标工程量清单文件，如若需要略过，可直接使用配套资料包中的招标工程量清单成果文件。

双击打开新点清单造价软件（图 5-15）。

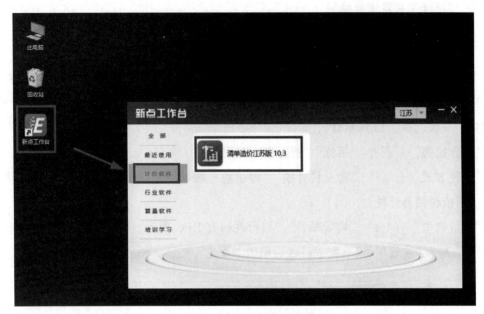

图5-15 打开新点清单造价软件

打开后可以看到弹出来的操作首页有 **"新建项目""快速新建项目""新建工程""接收招标文件""新建结算""新建审核"**（图 5-16）；招标工程量清单一般通过 **"快速新建项目"** 或 **"新建工程"** 来编制，**"接收招标文件"** 用于投标人编制投标清单，**"新建结算""新建审核"** 一般用于编制结算审核。

图5-16 清单造价软件界面

招标工程量清单设置的主要工作内容及程序包括"**新建项目**""**计价程序**""**分部分项工程**""**招标工程量清单编制**"。

1. 新建项目

单击"**新建项目**"按钮，打开"**新建项目**"对话框，在"**项目编号**""**项目名称**"文本框中输入相应内容。"**计价方法**"有三种："**13清单计价**""**08清单计价**""**定额计价**"。实训中，一般选择"**13清单计价**"。

"**操作状态**"有三种："**招标**""**投标**""**招标控制**"。实训中，选择"**招标**"。

"**计税方式**"有三种："**营业税计税**""**增值税一般计税**""**增值税简易计税**"。实训中，选择"**增值税简易计税**"。

"**项目类型**"有三种："**常规项目**""**可行性研究EPC项目**""**初步设计后EPC项目**"。实训中，选择"**常规项目**"。完成设置后单击"**确定**"按钮（图5-17）。

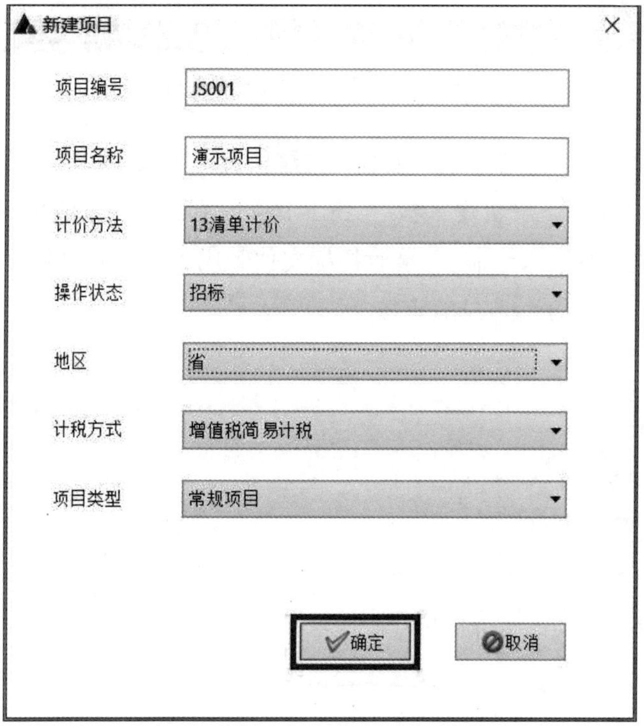

图5-17 新建项目

页面弹出"**保存文件**"对话框，选择易于查找的路径后单击"**保存**"按钮（图5-18）。

此时项目树界面已经新建完成了项目和单项工程，单项工程名称默认与项目名称一致。页面弹出"**新建单位工程**"对话框，输入"**工程名称**"，选择"**专业**""**工程类**

别""地区""工程模板"（图 5-19）。确认无误后，单击"确定"按钮。在项目树界面可以看到已经新建好的单位工程（图 5-20）。

图5-18　新建项目保存

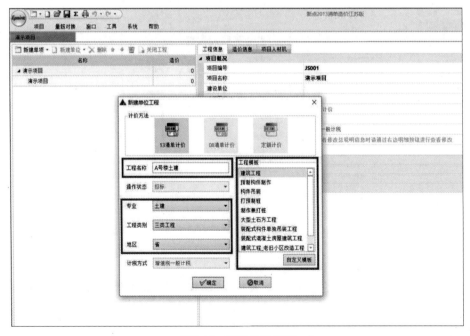

图5-19　新建单位工程

图5-20　新建单位工程完成

常用的添加多个单项工程的方式有两种：①选择项目节点，单击"**新建单项**"按钮。②在项目节点处右击，在弹出的快捷菜单中选择"**新建单项工程**"（图 5-21）。

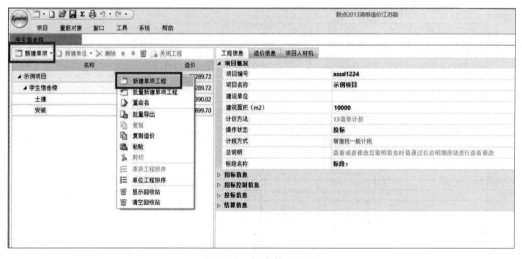

图5-21　新建单项工程

在单项工程中，添加多个单位工程的方式和添加多个单项工程是一样的（图5-22）。

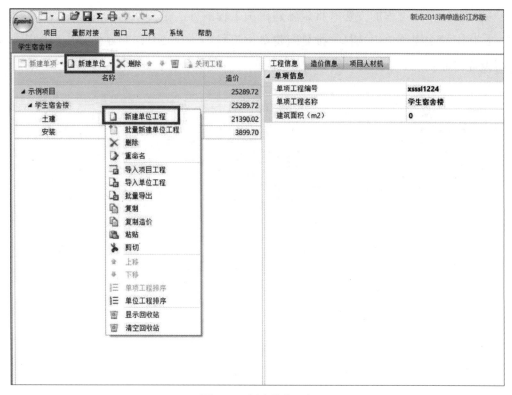

图5-22 新建单位工程

以上两种方式，一次只能添加一个单项工程或一个单位工程，如果一次想要添加多个单项工程或单位工程，就需要使用软件设置的**批量添加功能**。批量添加单项工程的方法如下：选中项目名称，右击，在弹出的快捷菜单中选择"**批量新建单项工程**"（图 5-23），在页面弹出的对话框中输入"**数量**"和"**批量名称规则**"。

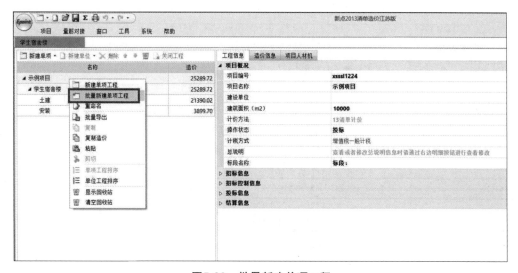

图5-23 批量新建单项工程

批量新建单位工程的方法和批量新建单项工程的方法是类似的。选中单位工程，右击，在弹出的快捷菜单中选择"**批量新建单位工程**"（图 5-24），在界面弹出的对话框中进行设置即可。

图5-24　批量新建单位工程

单项工程、单位工程新建好后，依次在项目节点、单项工程节点、单位工程节点下，按照工程的实际情况将项目信息填写完整。

项目节点下（图 5-25），需要填写："**项目概况**""**招标信息**""**招标控制信息**""**投标信息**""**结算信息**"等。

图5-25　录入项目信息

单项工程节点下（图 5-26），需要填写"**单项信息**"。

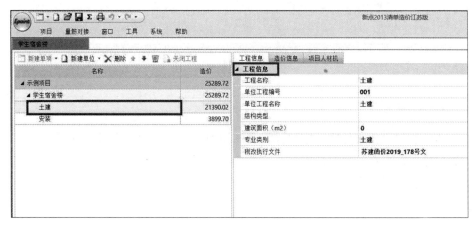

图5-26 录入单项工程信息

单位工程节点下（图 5-27），需要填写"**工程信息**"。其中包括"**单位工程编号**""**单位工程名称**""**结构类型**""**建筑面积**""**专业类别**"等。这几项通过下拉列表进行选择即可。

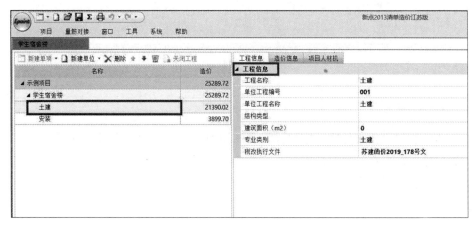

图5-27 录入单位工程信息

可以根据新建好的土建单位工程来查看具体的工程信息，包括计价程序、分部分项、措施项目、其他项目、人材机汇总等。

2. 计价程序

双击相应的单位工程，进入单位工程界面，单击"**计价程序**"按钮，进入计价程序界面。计价程序列表及默认取费与新建单位工程时选择的专业模板相对应。具体的费率和规范的参考值一样，根据工程实际情况进行选择。

界面左上方提供了按工程类别统一调整费率的功能。单击"**按工程类别统一调整费率**"按钮，选择"**工程类别**"，单击"**应用费率**"按钮，软件提示"**是否应用费率到工**

程"，单击"**是**"按钮，系统会将修改的费率应用到工程，单击"**否**"按钮，则不修改默认的费率。实训中，单击"**否**"按钮。一般情况下，土建专业三类工程管理费和利润的取费标准分别为 26%、12%。

在界面内，直接单击工程后面的费率（图 5-28）进行费率数字的更改，或在下方详细费率列表中进行更改。

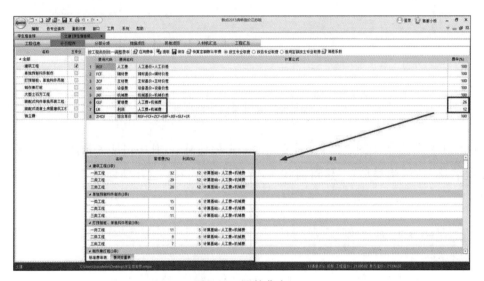

图5-28 调整费率

3. 分部分项工程

单击界面上方"**分部分项**"按钮，将界面切换到分部分项工程录入界面。

分部工程的录入有以下三种方法：

（1）**清单编号输入法**（图 5-29）

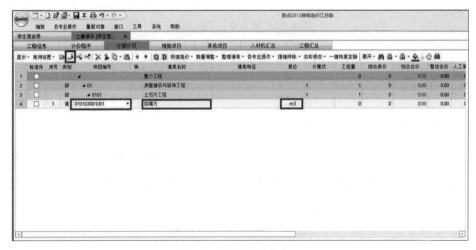

图5-29 清单编号输入法

新增一行，在"**项目编号**"列双击，输入清单树中存在的分部工程编号。例如，输入"01"，按回车键，在"**清单名称**"列，系统会自动填入"**房屋建筑与装饰工程**"。

（2）右击选择列表法

新增一行，选中空白行，右击，在弹出的快捷菜单中选择"**设为分部**"（图5-30），子菜单中包括"**一级分部**""**二级分部**""**三级分部**"等。例如，选择"**二级分部**"，移到"**清单名称**"列，双击，会出现下拉列表（图5-31），在下拉列表中选中需要的分部工程名称，双击即可录入，相应的"**项目编号**"也会自动录入。

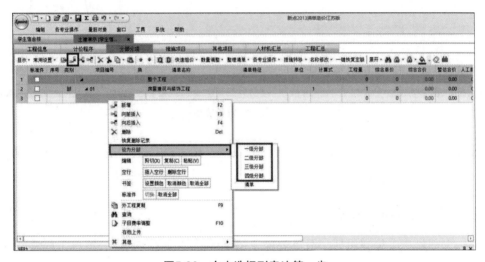

图5-30　右击选择列表法第一步

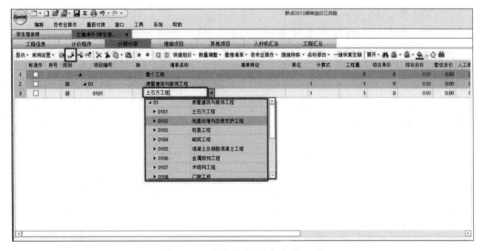

图5-31　右击选择列表法第二步

（3）清单列表选择法

切换到清单树界面，在右下角选择"**清单**"（图5-32），直接双击右侧清单树中的分部工程即可将其插入左侧列表中。

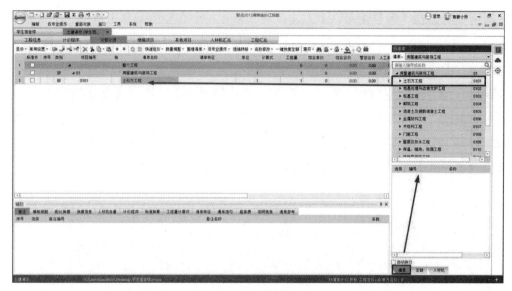

图5-32　清单列表选择法

分部工程录入完成后，用户可以根据需要，右击，将已经录入的分部工程设置为不同级别的分部。

4．招标工程量清单编制

招标工程量清单编制包括"**清单内容**""**清单特征和工作内容**""**清单工程量**""**措施项目**""**其他项目**""**工程汇总**""**生成招标工程量清单**""**招标控制价**"。

（1）清单内容

清单内容的录入一共有以下5种方法。

1）直接录入清单编码法（图5-33）。新增空白行，在"**项目编号**"列输入9位清单编码，系统会自动加入最后3位顺序码，且"**清单名称**"以及"**单位**"也会自动录入。例如，在"**项目编号**"列输入"010101001"，按回车键，系统会自动扩充为12位清单编码。

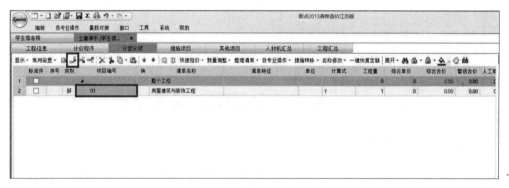

图5-33　直接录入清单编码法

2）章节查询法（图 5-34）。在右侧清单树中找到对应的章节，双击，即可将该条清单录入。

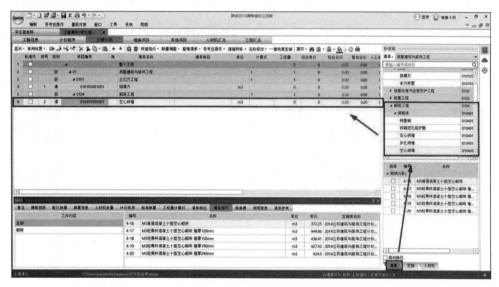

图5-34 章节查询法

3）条件查询录入法（图 5-35）。在右侧清单树上方搜索框内，录入所需清单的编号或名称，进行查询。

系统弹出"**查询**"对话框，从中选择需要的清单，单击"**替换**"或"**发送**"按钮即可，完成后单击"**退出**"按钮。

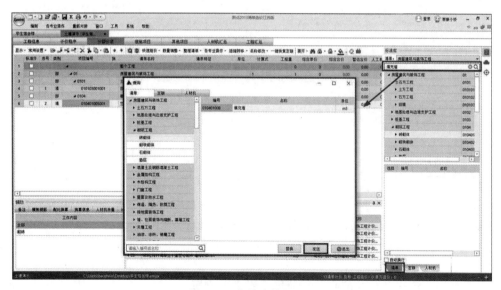

图5-35 条件查询录入法

4）补充清单录入法（图 5-36）。补充清单是由专业代码 +B+ 顺序码组成的，为防止补充清单编码重复，补充清单的顺序码由软件自动生成，不允许手动修改。

新增一行，在"**项目编号**"列双击，输入"**01B**"，按回车键，页面会弹出"**添加补充清单**"对话框。在对话框中输入"**名称**""**清单特征**""**工作内容**""**计算规则**"，在"**单位**"下拉列表中进行选择，完成后，单击"**确定**"按钮。

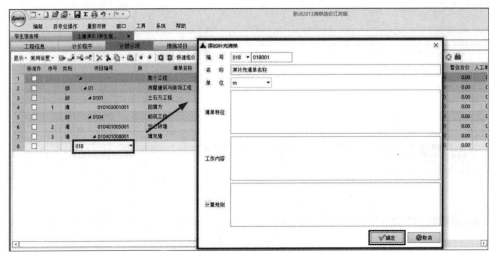

图5-36　补充清单录入法

5）接收 Excel 清单法（图 5-37）。在"**编制**"选项卡中单击"**Excel 文件**"按钮。

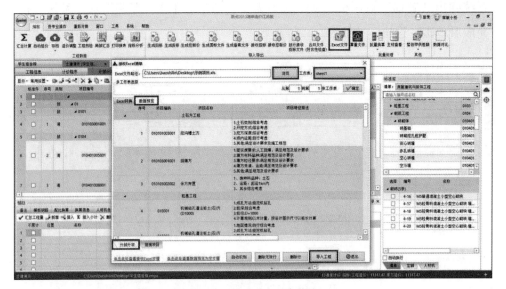

图5-37　接收Excel清单法

页面弹出"**接收 Excel 清单**"对话框，单击"**浏览**"按钮，选择对应的 Excel 文件打开。注意：对话框右上方，有一个"**工作表**"选项，要选择正确的工作表进行导入。

当清单内容导入成功后，需要选择对应类别，包括：标题、措施标题、清单、定

额、单价措施、无效行、合并行。选择完成后，软件会自动匹配"**项目编码**""**项目名
称**""**项目特征描述**""**计量单位**""**工程量**"。

确认无误后，切换至"**数据预览**"界面。页面左下角有"**分部分项**"和"**措施项目**"
标签，由于上面编制的是分部分项，所以选择"**分部分项**"标签，页面会显示导入的数
据，单击右下角"**导入工程**"按钮。页面对话框提示"**是否清除分部分项**"，单击"**是**"
按钮，系统会清除分部分项界面已经录入的清单，单击"**否**"按钮，则不清除已经录入
的分部分项清单，直接接收进来。实际工程中，应根据需要进行选择，实训中，选择
"**否**"。页面提示"**文件导入成功**"，单击"**确定**"→"**退出**"按钮，在分部分项页面，可
以看到文件导入成功。选择"**措施项目**"标签也可以查看到导入成功的项目。

完成清单列表录入后，需要进一步完善"**清单特征**"和"**工作内容**"的信息。

（2）清单特征和工作内容

清单特征和工作内容共有 2 种录入方法。

1）选择清单列表法（图 5-38）。选中清单行，单击下方"**辅助**"工具栏中的"**清单
特征**"按钮，在下方出现的列表中选择需要的信息，选中后，上方清单列表中会自动同
步显示。

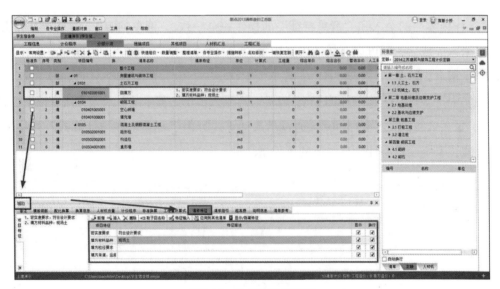

图5-38 选择清单列表法

2）手动录入特征法（图 5-39）。在左下角"**项目特征**"文本框中手动录入信息，录
入完成后，上方清单列表中会自动同步显示。

同一工程中会存在很多相似做法的清单，这些清单的特征也十分相似。例如，安装工
程的有些清单项，可能仅仅是主材的规格有差异，其他特征描述都是相同的。如果逐一描
述这些清单的特征，就会占用很大一部分时间，为此，软件提供了清单特征供参考的功能。

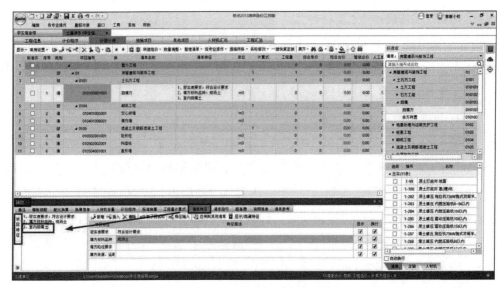

图5-39 手动录入特征法

单击"**应用到其他清单**"按钮，系统会自动筛选出与该清单前9位编码一致的清单。直接勾选所需应用的清单，单击"**确定**"按钮，就可以将编辑好的清单特征同步应用了。

"**工作内容**"的录入和"**清单特征**"的操作完全一致。"**清单内容**""**清单特征和工作内容**"录入完成后，就可以开始清单工程量的录入了。

（3）清单工程量

现实中是需要根据施工图纸进行计算后，再录入清单工程量的。录入方法有以下3种。

1）录入计算式法（图5-40）。通过录入计算式算出工程量。在"**计算式**"列中输入计算公式，系统会自动计算出对应的工程量。

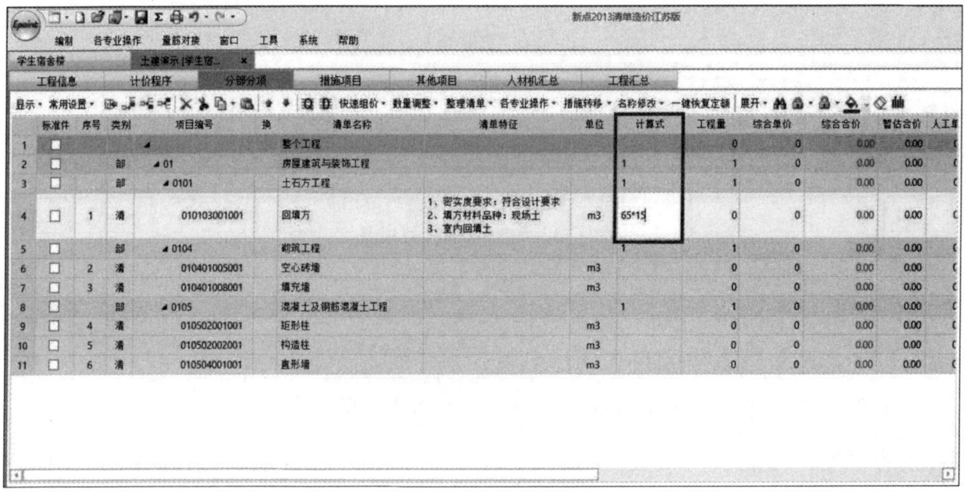

图5-40 录入计算式法

2）直接录入工程量法（图5-41）。直接在"**工程量**"列中录入具体工程量数值即可。

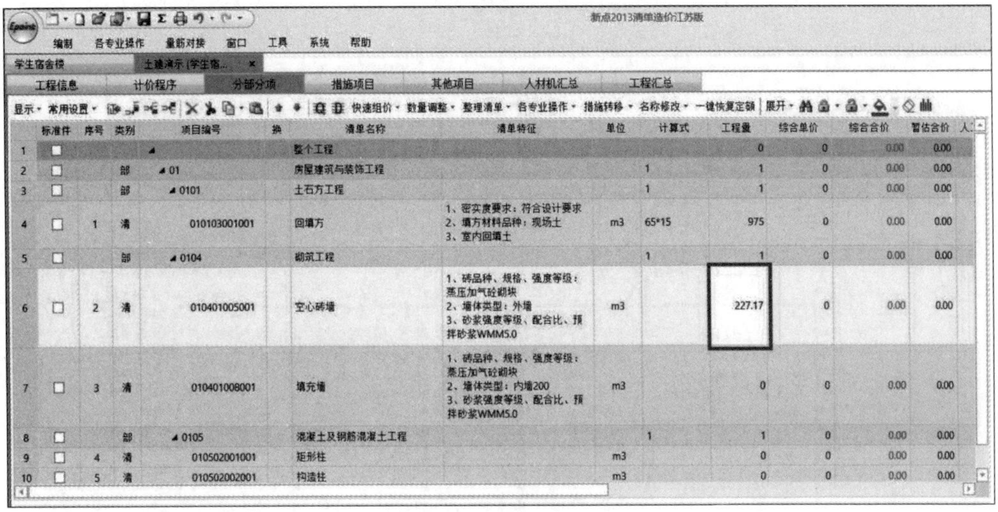

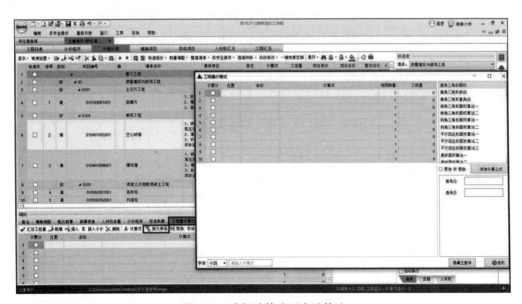

图5-41　直接录入工程量法

3）选择计算式列表计算法（图5-42）。利用工程量计算式录入工程量。单击下方"**辅助**"工具栏中的"**工程量计算式**"按钮，在下方表格中，依次录入计算式即可。

图5-42　选择计算式列表计算法

（4）措施项目

"**措施项目**"分为"**总价措施项目**""**单价措施项目**"。

总价措施项目（图5-43）的编制相对简单，一般以"**项**"为单位，按照费率的形式进行计算。系统中已经预置了总价措施项目，操作时，可以修改"**计算基础**"和"**费**

率"。双击"**计算基础**"和"**费率**"列数据便可以直接修改。只要根据各地区的规定调整项目的取费费率即可。"**安全文明施工费**"为不可竞争费，建议费率不要修改。

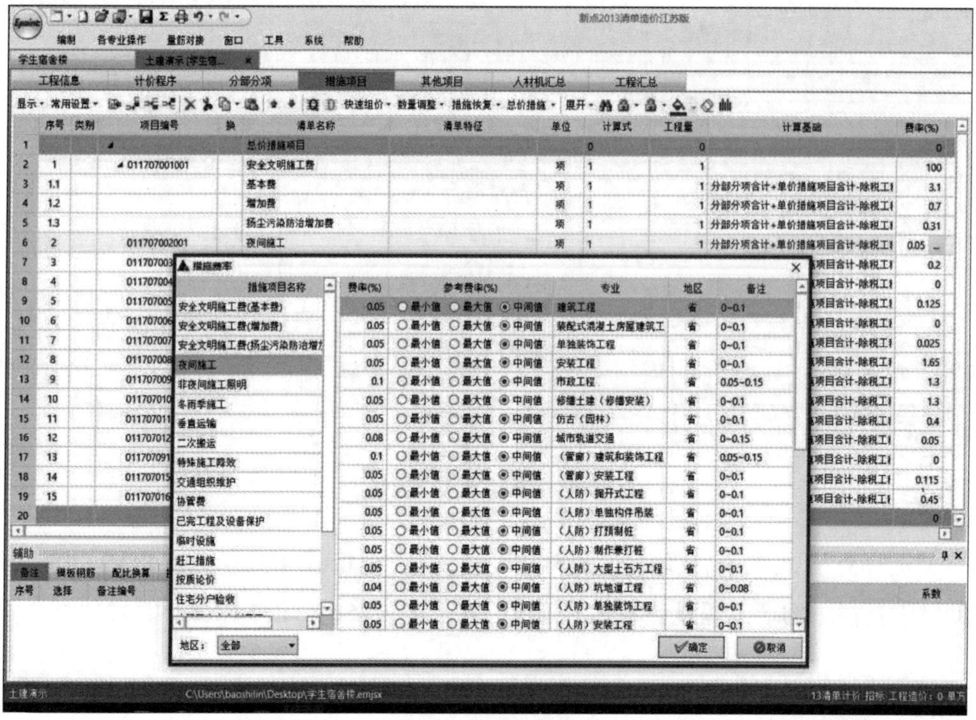

图5-43　总价措施项目

单价措施项目的编制方法同分部分项中的清单编制方法是一样的，包括清单列表选择法（图5-44）和接收Excel清单法（图5-45）。

图5-44　单价措施项目清单列表选择法

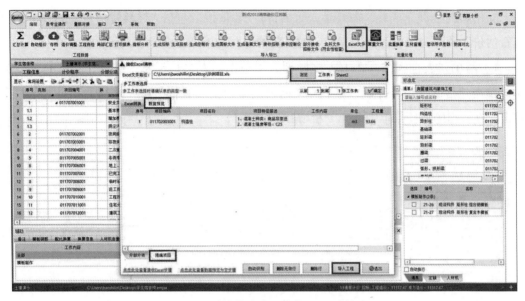

图5-45 单价措施项目接收Excel清单法

（5）其他项目

"其他项目"包括"暂列金额""暂估价""计日工""总承包服务费"。其他费用的增加，可以通过单击"新增"按钮进行增加，录入"项目名称""单位""计算公式"等信息。其中"接口标记"会在生成电子版招投标文件中起作用，不建议修改。

暂列金额如何计入投标总价，涉及暂列金额的构成。对房屋建筑工程而言，工程量清单列出的暂列金额包括了除规费和税金以外的管理费、利润等取费。不同行业或具体项目中暂列金额的组成，以及规费和税金的计列方式等，需要与《标准施工招标文件》相衔接。系统中可以通过新增的方式将"项目名称""单位""计算公式"等信息进行完善，如图 5-46 所示。

图5-46 新增暂列金额

新增暂列金额完成后，需要录入暂估价。"**暂估价**"包括"**材料暂估价**"和"**专业工程暂估价**"两部分内容。首先完成"**材料暂估价**"的录入，有以下两种方法。

1）清单列表选择法。在上方横向列表中单击"**人材机汇总**"按钮，在"**材料**"界面，单击"**招标材料**"按钮，在下方横向列表中单击"**暂估材料**"按钮，在页面条目上右击，在弹出的快捷菜单中选择"**新增**"（图5-47）。

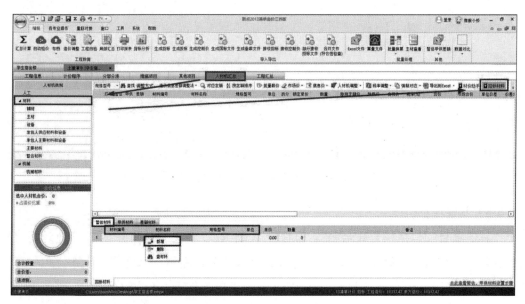

图5-47　清单列表选择法录入材料暂估价第一步

新增后，在右侧系统给出的清单列表中选择所需要的材料即可（图5-48）。

图5-48　清单列表选择法录入材料暂估价第二步

2）Excel表导入法。单击上方横向列表中的**"暂估甲供差额"** → **"浏览"** 按钮，选择相关路径保存文件（图5-49）。

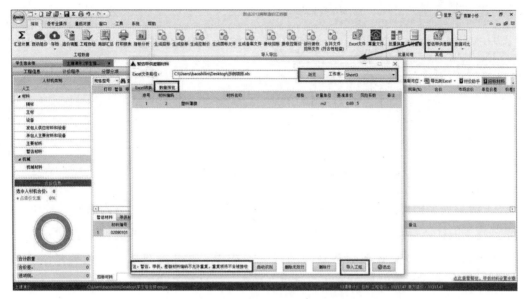

图5-49 Excel表导入法录入材料暂估价

然后通过新增的方式，进行**"专业工程暂估价"**的录入。在**"专业工程暂估价"**界面，单击**"新增"**按钮（图5-50）。注意，专业工程暂估价包括管理费和利润，但不包括税金和规费。

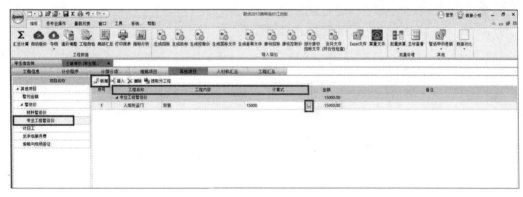

图5-50 录入专业工程暂估价

接下来，完成**"计日工"**的录入。投标人确定**"综合单价"**，在**"除税价"**列录入价格。主要有两种录入方法：右击新增法和工程量清单列表选择法。

1）右击新增法。在**"计日工"**界面，单击**"新增"**按钮，在新增行手动输入编码、项目名称、单位、暂定数量等。在页面条目上右击，在弹出的快捷菜单中选择**"新增"**/**"插入"**/**"删除"**/**"查人材机"**（图5-51）。

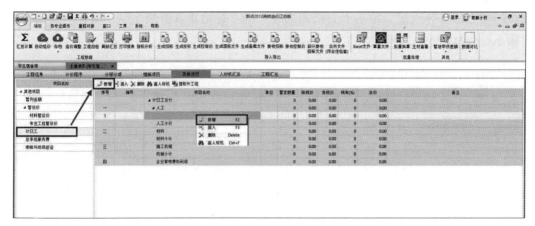

图5-51　右击新增法录入计日工

2）清单列表选择法。选择"**其他项目**"→"**计日工**"，单击"**查人材机**"按钮，在跳出的查询框选择所需的人材机，单击"**发送**"按钮（图5-52），再填入暂定数量即可。

接下来，完成"**总承包服务费**"的录入，选择"**其他项目**"→"**总承包服务费**"（图5-53），单击"**新增**"按钮，录入"**项目名称**"，"**计算公式**"可直接录入，也可单击后方"…"按钮，在弹出的"**取费变量表**"对话框内，双击选择所需变量，完成计算公式录入后，再录入"**服务内容**"和"**费率**"即可。

图5-52　清单列表选择法录入计日工

（6）工程汇总

招标工程量清单的内容录入完成后，进入"**工程汇总**"界面，此处详细罗列了工程的各项费用（图5-54）。

图5-53　总承包服务费录入

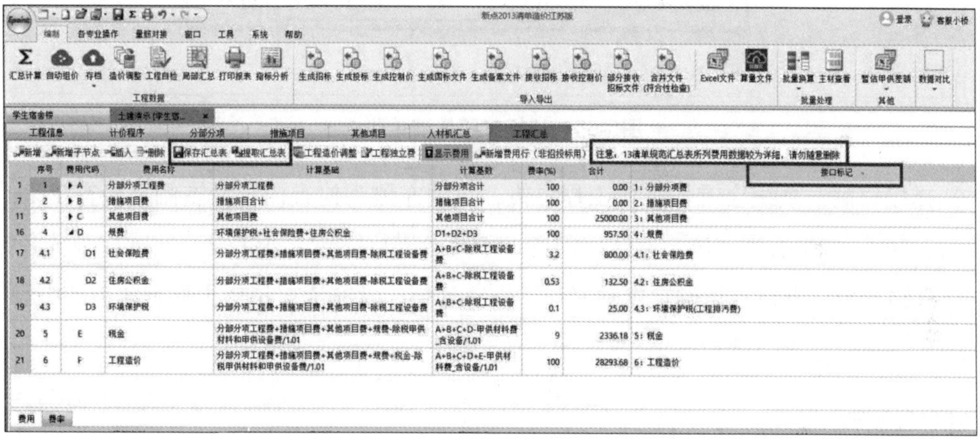

图5-54　工程汇总

注意：这些内容一般不建议进行修改，每笔费用的"**费用名称**"和"**计算基础**"只是作为标识用的，"**计算基数**"用于计算。如果当前工程的汇总表格做了调整，为了便于日后调用此汇总表，可以通过单击工具栏上的"**保存汇总表**"按钮，保存到常用易调取的文件夹中。后期调用的时候只需要单击"**提取汇总表**"按钮，找到相对应的文件即可。费用汇总表中每笔费用的"**接口标记**"是唯一的，"**接口标记**"列为电子招投标重要信息，不要随意改动。

（7）生成招标工程量清单

完成所有清单资料的录入后，要生成招标工程量清单，单击"**项目**"选项卡中的"**生成招标**"按钮，确认所有信息正确后，单击右下角接口按钮，右下角有"**南京接口**""**省接口**""**限额接口**"，南京地区选择"**南京接口**"，其他地区选择"**省接口**"，限额以下工程选择"限额接口"（图 5-55）。

图5-55 招标工程量清单生成

选择接口后，系统会首先进行工程自检，页面左侧为检查内容，右侧是检查出来的问题（图 5-56）。如果发现问题，双击该问题，系统会进行跳转。如果没有问题，系统会弹出文件保存路径对话框，自行确定保存路径即可。这样，就完成了招标工程量清单的编制。

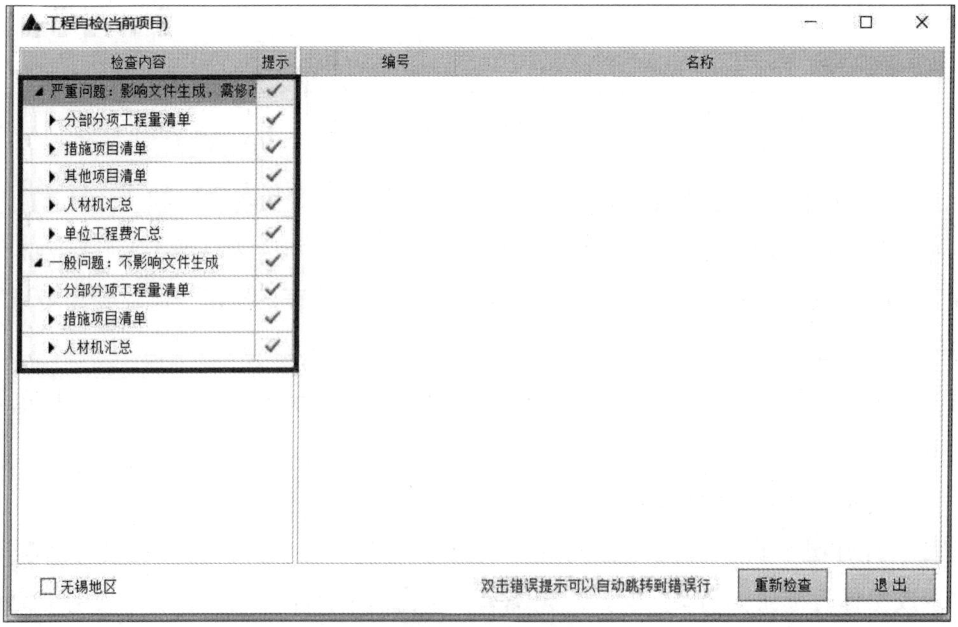

图5-56 工程自检

（8）招标控制价

招标控制价的编制和投标报价编制流程是一样的，在现实中，招标控制价一般按照定额进行报价。在"**操作状态**"下拉列表中选择"**招标控制**"（图5-57），进入招标控制价的编制流程。

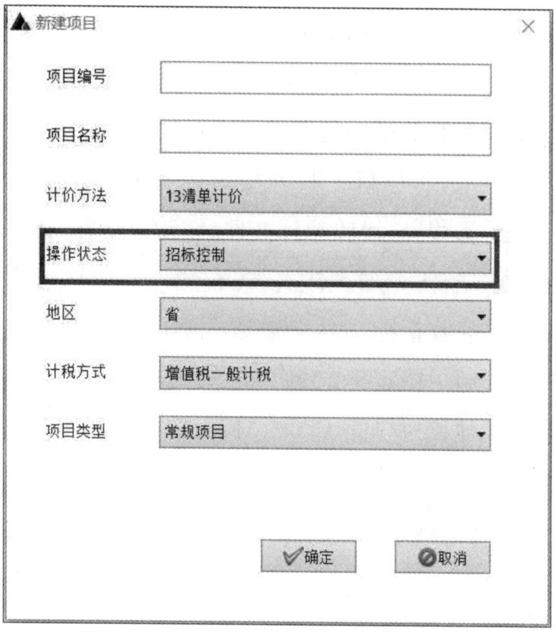

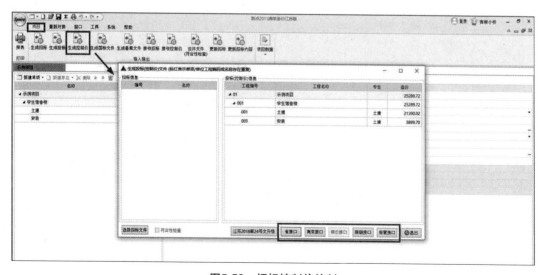

图5-57　招标控制价编制入口

选择"**项目**"→"**生成控制价**"，在弹出的对话框中选择对应的接口（图5-58），系统会自动完成招标控制价的生成。

图5-58　招标控制价编制

5.3.3　投标清单编制

在招标人编制好的招标工程量清单基础上，投标人要进行清单的投标报价，即经济标的编制，而投标人投标报价的高低直接决定投标人的中标率。因为投标文件主要包括经济标和技术标，正常评标设置中，经济标评分占比 80% 左右，技术标只占 20% 左右，所以投标清单编制是现实投标文件编制中最为重要的内容。

本节内容旨在说明如何使用新点清单造价软件来编制投标清单文件，如若需要略过，可直接使用配套资料包中编制好的投标清单成果文件。

首先双击打开新点清单造价软件，打开后可以看到弹出来的操作首页有"**新建项目**""**快速新建项目**""**新建工程**""**接收招标文件**""**新建结算**""**新建审核**"。

单击"**接收招标文件**"按钮（图 5-59），在右侧界面中选中相应的招标文件，单击"**打开**"按钮，在弹出的"**接收招标文件**"对话框中可以查看接收进来的招标文件的编号、名称及专业，确认无误后单击"**确定**"按钮（图 5-60）。

打开招标文件，跳转到项目树界面（图 5-61），填写项目树界面所有相关信息。

图5-59　接收招标文件入口

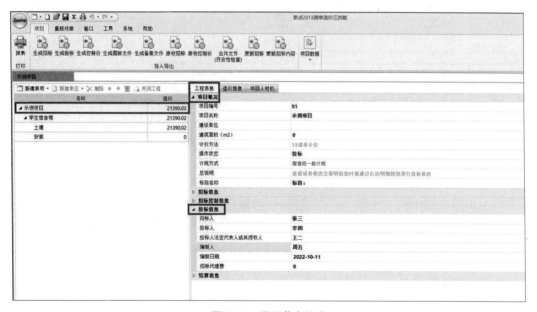

图5-60 接收招标文件确认

图5-61 项目节点信息

选择"**工程信息**"→"**单项信息**"（图 5-62），进行单项工程具体信息的查看。

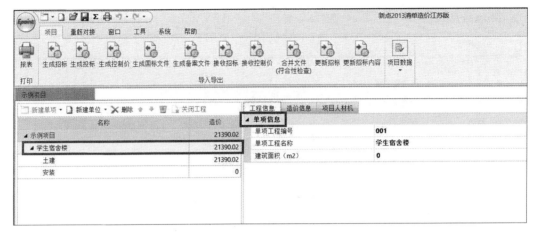

图5-62　单项工程信息

选择"**工程信息**"→"**工程信息**"（图5-63），进行单位工程具体信息的查看。

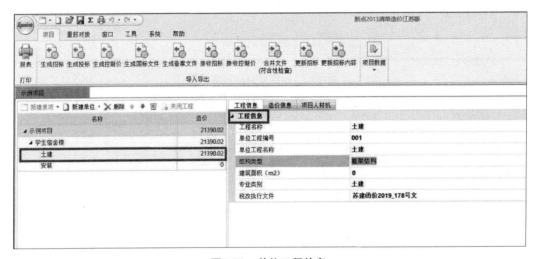

图5-63　单位工程信息

双击单位工程中的"**土建**"，可以看到"**措施项目**""**其他项目**""**人材机汇总**"等招标文件的清单信息已经全部接收进来了。

注意：系统为了防止投标人报价时因对招标工程量清单误操作而导致废标，所以接收过来的招标工程量清单信息默认是锁定的，不可直接修改。

计价程序（图5-64）其他部分与招标部分相同，但投标时只对管理费和利润的费率进行调整。

投标清单编制的主要工作内容及程序包括"**分部分项工程**""**措施项目**""**其他项目**""**计日工**""**总承包服务费**""**材料暂估价**""**人材机汇总**""**生成投标清单**"。

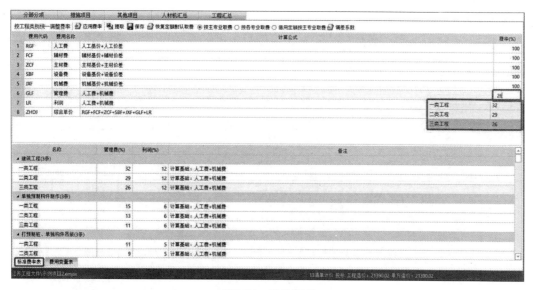

图5-64　计价程序

1. 分部分项工程

首先，投标报价前需要进行定额的录入，定额录入方法有8种，这里介绍常用的6种。

（1）直接录入法

选中需要套取定额的清单行，右击，在弹出的快捷菜单中选择"**向后插入**"（图5-65），新增空白行。在"**项目编号**"列双击，录入定额编号，"**清单名称**"和"**单位**"等信息系统会自动录入。

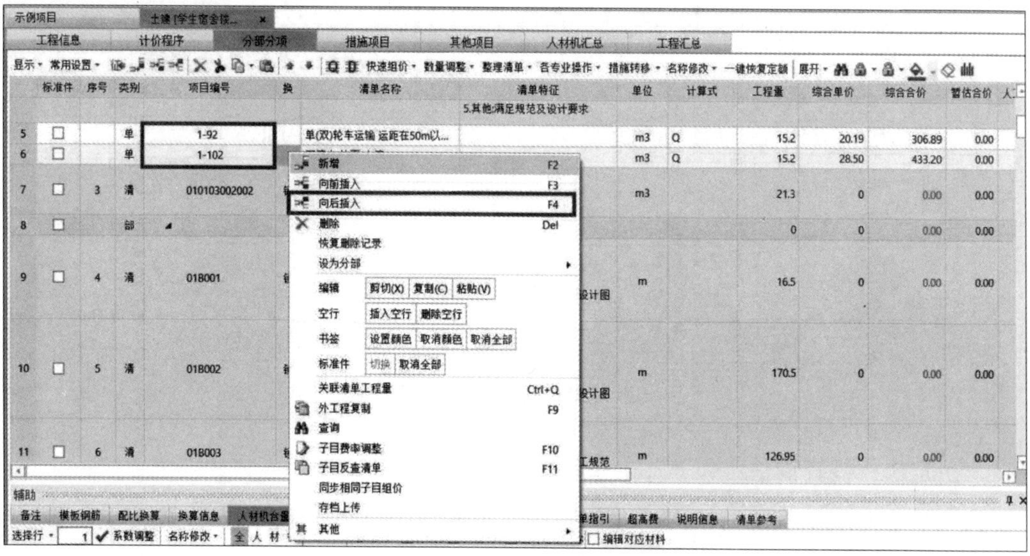

图5-65　直接录入法录入定额

（2）章节查询录入法

选中需要套取定额的清单行，在右侧定额树上方选择章节，下方是该章节对应的所有定额，双击需要选择的定额即可录入（图5-66）。

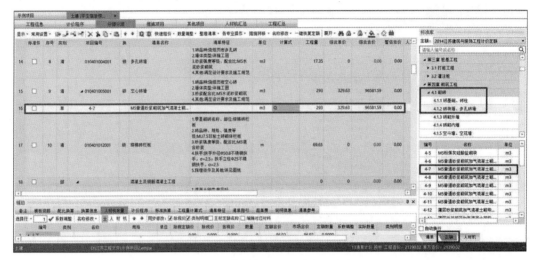

图5-66　章节查询录入法录入定额

（3）条件查询录入法

在右侧定额树上方搜索框内，录入定额名称或定额编号进行查询，在"**查询**"对话框中查到后，单击"**替换**"或"**发送**"按钮即可录入定额（图5-67）。

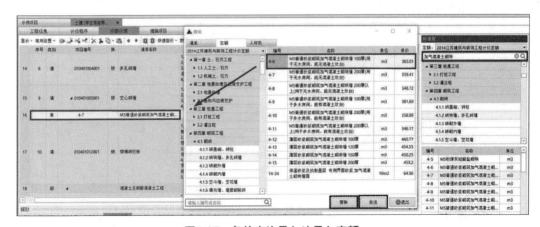

图5-67　条件查询录入法录入定额

（4）定额模糊查询法

选中需要套取定额的清单行，右击，在弹出的快捷菜单中选择"**向后插入**"，新增空白行。在"**清单名称**"列双击，录入关键词，系统会弹出所有符合定额的子目列表，选中相应子目后，双击即可录入（图5-68）。

图5-68 定额模糊查询法录入定额

（5）清单指引录入法

选中需要套取定额的清单行，单击下方"**辅助**"工具栏中的"**清单指引**"按钮，这里系统列出了与该条清单常用的关联定额，选择符合清单特征的定额，双击即可录入（图 5-69）。

图5-69 清单指引录入法录入定额

（6）清单列表录入法

选中需要套取定额的清单行，切换到清单树界面，软件会自动对应到当前这条清单所在位置，界面下方同样列出了与该条清单常用的关联定额，选择符合清单特征的定额，双击即可录入（图 5-70）。

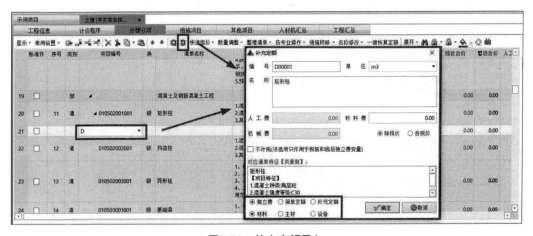

图5-70 清单列表录入法录入定额

投标人完成以上分部分项工程的定额录入后，即可进行报价，软件会自动实时计算总价。

注意：在需要套用补充定额的清单行后插入行，直接在"**项目编号**"列输入字母"D"或直接在工具栏上单击红色字母"D"按钮，都可弹出"**补充定额**"对话框，之后根据清单的特征及项目实际需求录入补充定额（图5-71）。

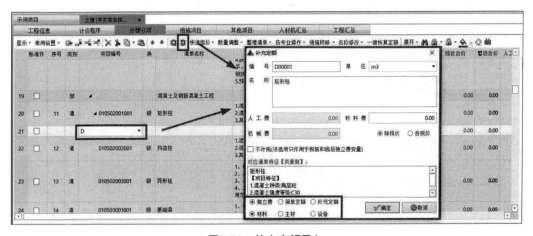

图5-71 补充定额录入

2. 措施项目

措施项目中相应的清单也已经接收过来，在"**措施费率**"对话框中根据"**参考费率**"选择报价即可完成（图5-72）。单价措施费可以在单价措施清单中进行报价（图5-73）。措施项目报价软件操作与分部分项工程报价软件操作基本一致。要注意的是一些不可竞争费，不可竞争费费率是不能够变动的。

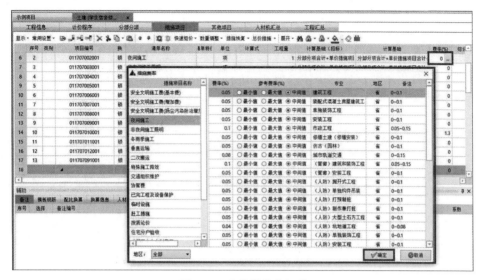

图5-72　总价措施费报价

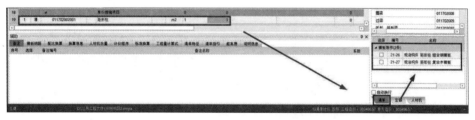

图5-73　单价措施费报价

单价措施转移，即将在分部分项界面套取的定额子目转移到单价措施项目中。单击界面上方的"**措施转移**"按钮，在弹出的"**措施项目转移**"对话框中选择对应子目，最后单击"**转移**"按钮即可（图5-74）。

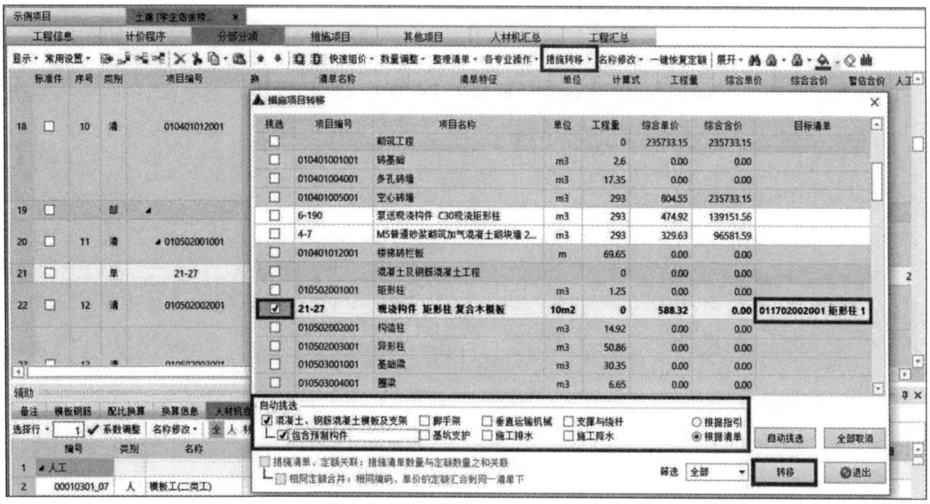

图5-74　单价措施转移

3. 其他项目

单击"**其他项目**"按钮（图 5-75），可以看到其他项目中的明细也已经接收进来，有部分费用已经有了定额，这是由甲方确定的，投标人是不能够修改的，擅自修改可能会导致废标。

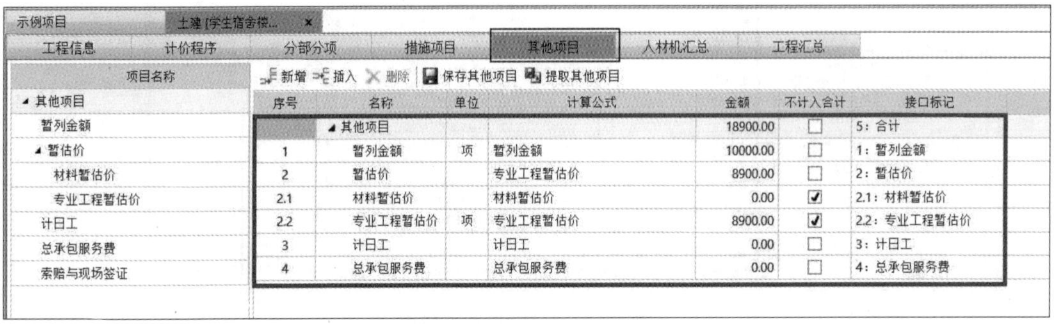

序号	名称	单位	计算公式	金额	不计入合计	接口标记
	⊿其他项目			18900.00	☐	5：合计
1	暂列金额	项	暂列金额	10000.00	☐	1：暂列金额
2	暂估价		专业工程暂估价	8900.00	☐	2：暂估价
2.1	材料暂估价		材料暂估价	0.00	☑	2.1：材料暂估价
2.2	专业工程暂估价	项	专业工程暂估价	8900.00	☑	2.2：专业工程暂估价
3	计日工		计日工	0.00	☐	3：计日工
4	总承包服务费		总承包服务费	0.00	☐	4：总承包服务费

图5-75　其他项目报价

4. 计日工

单击"**其他项目**"按钮，在"**计日工**"界面可以查看到清单中的计日工清单（图 5-76）。计日工是由招标人确定名称、数量，投标人确定综合单价的，所以这里投标人只需要在对应的人材机后面填写对应的价格即可。

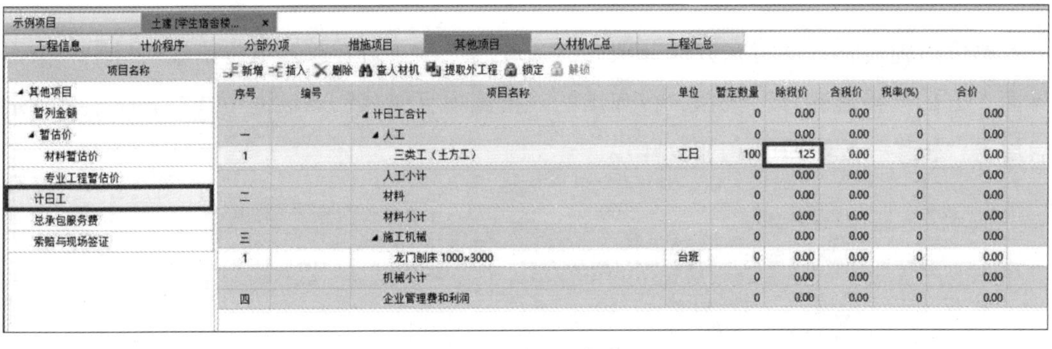

序号	编号	项目名称	单位	暂定数量	除税价	含税价	税率(%)	合价
		⊿计日工合计		0	0.00	0.00	0	0.00
一		⊿人工		0	0.00	0.00	0	0.00
1		三类工（土方工）	工日	100	125	0.00	0	0.00
		人工小计		0	0.00	0.00	0	0.00
二		材料		0	0.00	0.00	0	0.00
		材料小计		0	0.00	0.00	0	0.00
三		施工机械		0	0.00	0.00	0	0.00
1		龙门刨床 1000×3000	台班	0	0.00	0.00	0	0.00
		机械小计		0	0.00	0.00	0	0.00
四		企业管理费和利润		0	0.00	0.00	0	0.00

图5-76　计日工报价

5. 总承包服务费

单击"**其他项目**"按钮，在"**总承包服务费**"界面可以查看到清单中的总承包服务费清单（图 5-77）。其中，"**项目名称**""**项目价值**""**服务内容**"已经接收进来了，投标人只需要根据工程实际情况填写费率即可。

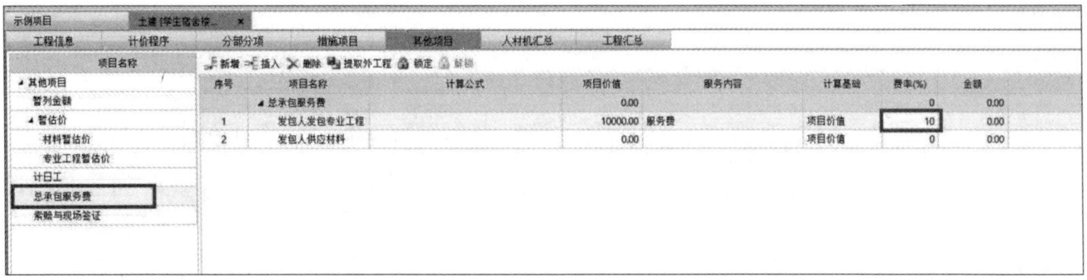

图5-77 总承包服务费报价

6. 材料暂估价

单击"**人材机汇总**"按钮，在"**材料**"界面单击"**招标材料**"按钮，此界面下方
"**暂估材料**"标签下显示了招标时设置的暂估材料，当上方工程中用到的材料的材料编
号、材料名称、规格型号、单位、锁定单价五项匹配时会自动关联，否则需要手动关联，
即选择下方暂估材料和上方需要对应的材料，在工具栏单击"**强制对应**"按钮，在弹出
的"**招投标材料强制对应**"对话框内，输入替换系数和替换范围，单击"**确定**"按钮即
可（图 5-78）。

图5-78 材料暂估价

7. 人材机汇总

单击"**人材机汇总**"按钮，在"**材料**"界面选中主要材料后单击"**人材机调整**"按
钮（图 5-79），在打开的"**消耗量调整**"对话框中进行人材机消耗量调整软件中人材机消
耗量是根据各地区定额规定的消耗量录入的，正常情况不建议调整。但投标是一个自主
报价的过程，投标人可以根据工程实际情况，对人材机消耗量进行调整。

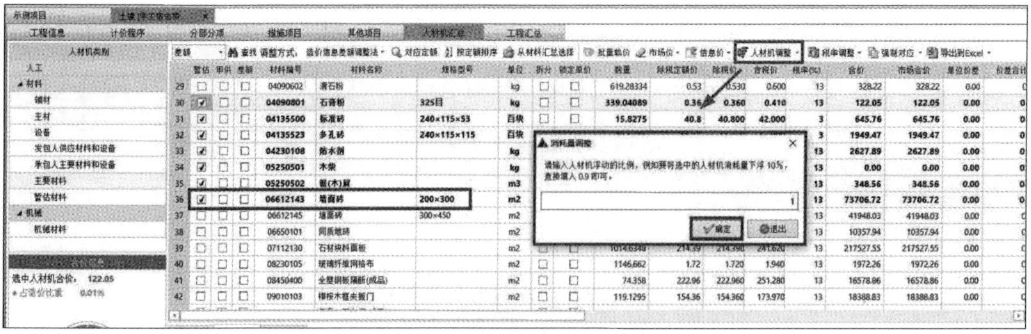

图5-79　人材机消耗量调整

另外，对于人材机的价格也可根据项目实际情况以及报价策略进行调整。选中需要调整的清单子目，右击，在弹出的快捷菜单中选择"**价格调整**"，弹出"**价格调整**"对话框，这里系统提供了两种调整方式：比例、增减（图 5-80）。如果选择"**比例**"，则录入调整比例即可，如果选择"**增减**"，则录入具体增减数值即可。

图5-80　人材机价格调整

如果想根据市场价格进行清单报价，单击"**市场价**"→"**选择项目**"→"**全部对应**"/"**选中行对应**"按钮（图 5-81）。系统提供了两种方式：一种是"**全部对应**"，可以一键修改所有报价为市场价；一种是"**选中行对应**"，可以将选中的清单子目价格修改为市场价。

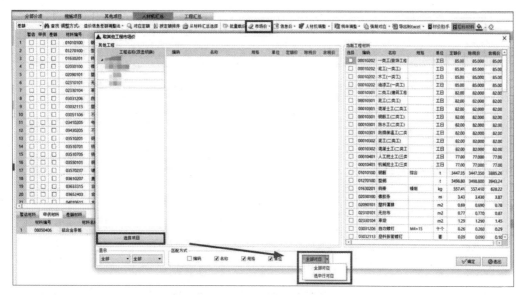

图5-81 根据市场价进行报价

如果需要根据信息价进行价格调整，单击"**信息价**"按钮，在弹出的"**下载材料信息价文件**"对话框的"**地区**"和"**年份**"下拉列表中选择相应的地区和年份，进行查看、下载（图 5-82）。

图5-82 更新价格信息第一步

系统提示两种信息价："**地区信息价**"和"**用户信息价**"，设置好地区、年份等信息，在"**材料信息价**"对话框中双击工程材料，系统可以自动查询。根据清单编制需要，选择对应价格进行更新即可（图 5-83）。

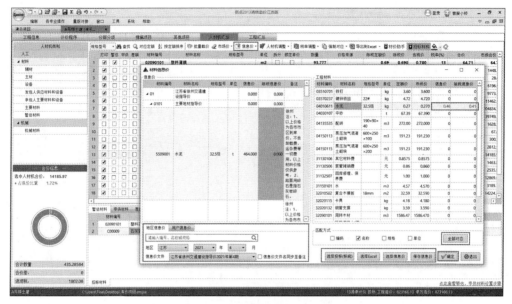

图5-83　更新价格信息第二步

8. 生成投标清单

回到项目树界面，检查项目、单项工程、单位工程信息是否填写完整。全部填写完成后，单击"**生成投标**"按钮（图 5-84），系统会弹出"**生成投标（控制价）文件**"对话框，界面右侧是当前投标（控制价）文件的信息，左侧是招标信息。如果没有导入招标文件，左侧为空。

图5-84　生成投标清单

单击左下角"**选择招标文件**"按钮，进行招标文件的导入。如果招标文件导入成功，对话框底部"**符合性检查**"复选框会自动选中。符合性检查指按照评标的要求，模拟清标的过程，对投标文件进行检查。符合性检查主要包括："**清单符合性检查**""**措施项目符合性检查**""**其他项目符合性检查**""**取费检查**""**计算错误检查**"（图 5-85）。

图5-85　符合性检查

"**清单符合性检查**"主要是核对多缺项以及五统一（即投标文件中的清单编码、清单名称、清单特征、清单单位、清单数量这 5 项内容是否与招标文件一致）。

"**措施项目符合性检查**"检查项基本和"**清单符合性检查**"项一样，要与招标文件对比，是否一致，有无多缺项。由于措施项目允许报价为零，所以报价为零的项目会比较多。

"**其他项目符合性检查**"主要检查招标文件中给出的投标人不能够进行修改的，如暂列金额、专业工程暂估价是否与招标文件一致，是否存在多缺项，或者名称、单位、金额是否与招标文件一致。

"**取费检查**"主要检查规费和税金。首先核对费率是否与招标文件设置的一致，其次核对取费基数乘以费率是否等于金额。

"**计算错误检查**"主要核对以上各模块中的计算错误问题。系统会对各投标单位的投标数据进行检查，找到其中的计算错误，生成计算错误一览表。系统主要检查五类错误：清单综合单价乘以数量是否等于综合合价，各综合单价是否等于分析表各拆分单价之和，各项费用分项之和是否等于各项费用总价，各项费用总价之和是否等于单位工程总价，单位工程总价之和是否等于工程总造价。

选择对应的接口（图 5-86）后，系统会进行自检，界面左侧为检查项，右侧为检查出来的问题。

图5-86　选择对应接口

双击某条检查出来的问题，系统会出现提示对话框**"工程（项目）自检中有数据问题未处理，是否继续生成"**，单击**"否"**→**"退出"**按钮（图 5-87），系统会自动跳转到有问题的界面，投标人可自行修改。

图5-87　清单符合性检查自检

修改完毕后，重新进入项目树界面，单击**"生成投标"**按钮（图 5-88），投标清单则自动生成。

图5-88 生成投标清单

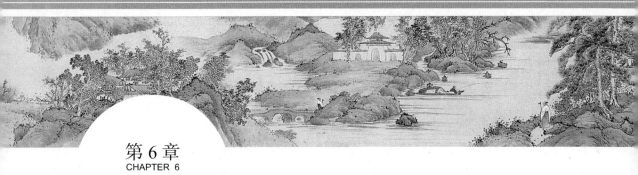

第 6 章
CHAPTER 6

工程项目招投标实训案例

6.1 （案例一）新点园区新建辅房建设工程项目招投标

6.1.1 项目概况

1）名称：新点园区新建辅房建设工程项目（项目编号：XDXZQHC2021
1108556766234）。

2）建设单位及地点：新点园区管委会、苏州新点园区。

3）资金来源：自筹。

4）出资比例：国有资金占比 100%。

5）招标范围：工程量清单及图样范围内的工程。

6）工程规模：总投资约 180 万元。

7）建设面积：799.99m²。

6.1.2 招标要求

1）招标范围：工程量清单及图样范围内的工程。

2）标段内容：土建工程、机电安装工程。

3）交易范围：工程量清单及图样范围内的工程。

4）资质要求：资质后审。

5）预估签约合同价款：163 万元。

6）计划开标时间：×××× 年 ×× 月 ×× 日 09：30（北京时间）。

7）计划开工时间：×××× 年 ×× 月 ×× 日。

8）计划工期：120 日历天。

9）质量要求：一次性检验（合格）。

10）公告发布媒体：新点专区建设工程交易中心系统内发布。

11）投标保证金及递交方式：人民币 28000 元，银行本票、银行汇票、保函。

12）标书售价：500 元。

13）投标人资质条件、能力和信誉：企业资质为建设工程施工总承包三级及以上资质，项目负责人为建筑工程二级及以上注册建造师资格。

14）招标文件发售时间：×××× 年 ×× 月 ×× 日。

15）投标有效期：45d。

16）招标文件获取方法：新点专区建设工程交易中心系统内下载招标文件。

17）开标方式：不见面开标。

18）投标文件递交方法：新点专区建设工程交易中心系统内递交投标文件。

19）财务要求：近 3 年财务状况。

20）业绩要求：无。

21）信誉要求：无。

22）是否接受联合体投标：不接受。

23）踏勘现场和投标预备会：不组织，投标人自行勘查现场。

24）投标预备会：不召开。

25）投标人提出问题时间：×××× 年 ×× 月 ×× 日。

26）招标人书面澄清时间：×××× 年 ×× 月 ×× 日。

27）分包：不允许。

28）偏离：不允许。

29）投标人要求澄清招标文件截止时间：×××× 年 ×× 月 ×× 日。

30）投标人确认收到招标文件澄清的时间：在收到相应澄清文件后 48h 内。

31）投标人确认收到招标文件修改的时间：在收到相应修改文件后 48h 内。

32）构成投标文件的其他材料：无。

33）近年完成类似项目的年份要求：无。

34）近半年的诉讼及仲裁情况的年份：无。

35）是否允许递交备选投标方案：不允许。

36）签字和（或）盖章要求：无。

37）投标文件份数要求：无。

38）装订要求：无。

39）是否退还投标文件：否。

40）开标时间：同投标截止时间。

41）开标地点：本项目为不见面开评标，不见面开评标时各投标人无须到开评标现场，各投标人可在线观看开标及抽取系数过程。

42）开标程序要求：无。

43）评标委员会的组建：由 7 人构成，招标代表 3 人，专家 4 人，从评标专家库随机抽取。

44）是否授权评标委员会确定中标人：否。

45）推荐候选人数：3 人。

46）履约担保：按合同中标价的 10% 计算。

47）担保方式：保函、银行转账、银行本票。

48）需要补充的其他内容：无。

49）类似工程业绩要求：无。

50）评标办法：经评审的不高于招标控制价的合理低价中标，投标文件中的投标报价、工期、质量等能满足招标文件规定的各项要求。

6.1.3　招标文件的编制要求

招标文件的编制［参照《标准施工招标文件》（2010 版）］

1．工期

总工期 120d。工期包括完成本次招标工程发包范围内的全部工作内容的时间，一旦确定中标单位，投标工期将成为合同工期。正式开工工期以业主发出开工令后第三天起算，工程达到竣工验收条件时，施工单位应向建设单位提交交工验收报告，由建设单位会同监理、质检等单位组织验收，验收期间不做工期累计。如果工程验收合格，则施工单位提交交工验收报告的当天即为竣工日期；如果验收不合格返工，则返工工期将作为工期累积。

2．质量

施工质量需达到合格。施工单位必须严格按照施工图样、工程技术要求，以及有关工程施工规范、规格和标准施工，并无条件地接受建设单位委托的监理单位全方位、全过程的监督管理。

3. 工期、质量奖罚

工期罚则每天不得低于（分部分项工程费＋单价措施项目费－除税工程设备费）的0.2‰，不响应招标文件的为无效标；质量罚则不得低于（分部分项工程费＋单价措施项目费－除税工程设备费）的1%，不响应招标文件的为无效标。

4. 材料设备供应

由承包人负责采购（除甲方供应材料外），施工单位应按监理要求提前申报材料采购计划，获得批准后，方可进行采购。材料进场前应接受监理组织的验收，不合格材料由监理标识后，限时运出场外。场内严禁堆放不合格材料，过期不处理的不合格材料，业主有权自行处理。

5. 合同价款及调整

1）本合同价款采用固定价格合同（固定单价合同）方式确定。固定单价合同在合同约定的风险范围内不可调整（中标单价不根据市场价格进行调整）。工程量清单中的综合单价和其中以总额报价的项目今后不做调整。业主出具的设计变更内容和政策性调整除外。

2）对于合同价款中包括的风险范围，除第4）条款中风险范围以外的内容可调整外，其余不可调整。

3）风险费用的计算方法：无。

4）风险范围以外的内容：

①工程量。

②设计变更引起的工程量变化或直接造成的费用增加。例如：

a.更改有关部分的标高、基线、位置和尺寸。

b.增减合同中约定的工程量。

c.改变有关工程的施工时间和顺序。

d.其他有关工程变更需要的附加工作。

③发包人要求的承包范围以外的附加工程量。

④甲方提出对乙方提供的部分材料进行更改，引起的价差。

⑤暂列金额及暂估价。

⑥政策性调整费用（包括新的验收标准、新的收费项目、人工调整、调整税率及增加税种、各收费项目的调整等）。

⑦发包人确认的其他费用。

5）风险范围外内容调整的方法：

①工程量由监理工程师及业主代表现场按实计量，并以经过程审计部门审核的数量

为结算依据。

②政策性调整费用：可竞争费率按（新的政策性调整费率/投标时政策性费率）×投标书报价调整；不可竞争费率按实际差额调整费用。

③其他涉及设计变更及发包人要求的承包范围以外的附加工程量按以下办法结算：

a. 工程量由监理工程师及业主代表现场按实计量，并以经过程审计部门审核的数量为结算依据。

b. 价格：投标报价中若已有适用于变更工程的价格，则按已有的价格计价；投标报价中若只有类似于变更工程的价格，则可参照类似价格计价；投标报价中若无适用或类似于变更工程的价格，则由承包商提出适当的变更价格，经发包人和监理工程师及过程审计部门共同确认后执行。

6）其他工程价款调整方法：

①采用工程量清单方式计价，竣工结算的工程量按发承包双方在合同中约定应予计量且实际完成的工程量确定，完成发包人要求的合同以外的零星工作或发生非承包人责任事件的工程量按现场签证确认。

②当清单项目工程量的变化幅度超过10%，且其影响分部分项工程费超过0.1%时，应由受益方在合同约定时间内向合同的另一方提出工程价款调整要求，由承包人提出增加部分的工程量或减少后剩余部分的工程量的综合单价调整意见，经发包人确认后作为结算的依据，合同有约定的按合同执行。

③分部分项工程量清单漏项或非承包人原因导致的工程变更，造成施工组织设计或施工方案变更，引起措施项目发生变化的，由承包人根据措施项目变更情况，提出适当的措施费变更要求，经发包人确认后调整；合同有约定的按合同执行。

④在项目实施期间主要材料范围在合同中没有规定的，材料价格涨跌超出以下约定范围时，材料单价可以调整。

a. 材料费用占单位工程费2%以下的各类材料为非主要材料，非主要材料价格上涨或下跌时，其差价均由承包人承担或受益。

b. 主要材料价格发生上涨或下跌时，按以下方法调整：主要材料费用占单位工程费2%以上、10%以下的为第一类主要材料，上涨或下跌在10%以内的，其差价由承包人承担或受益，超过10%的部分由发包人承担或受益；主要材料费用占单位工程费10%以上的为第二类主要材料，上涨或下跌在5%以内的，其差价由承包人承担或受益，超过5%的部分由发包人承担或受益。

c. 调整差价：应以当地发布的材料指导价格为基准价，差价为施工期间同类材料加权平均指导价与该工程递交投标文件截止日期前28d当月的材料指导价格的差额。

d. 施工期间材料加权平均指导价＝∑（每月实际使用量×当月材料指导价）/材料

总用量。

e.发包人原因造成工期延误的，延误期间发生的材料价格上涨差额由发包人承担；承包人原因造成工期延误的，延误期间发生的材料价格上涨差额由承包人承担。

f. 非承包人原因引起的分部分项工程量清单项目工程量增减，其相应的模板、脚手架等措施项目的工程量应调整。

6．工程付款

工程付款方式：工程竣工验收合格并审计完成后，当年年底（农历年）即付至审定价的40%，第二次付款一年后的一周内付至审定价的70%，第三次付款一年后的一周内付清余款（含保修金，不计利息）。

7．保修

按《建设工程质量管理条例》在合同中明确。

8．分包与转包

本工程不允许转包和违法分包。

9．工期顺延

双方约定工期顺延的其他情况：

1）在批准的关键线路中，工程量增加，对原工期造成实质性影响，且无法在原工期内完成。

2）不可抗力。

3）在批准的关键线路中，因发包方未能及时解决施工障碍而在原工期内无法完成。

10．施工人员更换

施工中投标人擅自更换投标时承诺的注册建造师、项目工程师或投标时选派的注册建造师、项目工程师不能按时到位（注册建造师必须每天在工地履行职责，有事离开工地，须有业主工地代表或监理的书面认可，否则出现3次以上无故离开工地且不请假可视为已更换了注册建造师），将按违约处理，具体处罚在合同中明确。

11．违约责任

1）在施工合同执行过程中，当因施工单位原因无法满足工程进度要求时，建设单位将提前30d通知限期改正，如仍不满足要求，业主有权终止施工合同，除没收履约保证金外，施工单位还应承担由此造成的经济损失。

2）在施工合同执行过程中，承包方必须保证施工人员的工资及时发放，如发生拖欠工资情况，业主可通知提供履约保函的银行无条件从履约保函中扣除相应金额进行支付。

3）按《中华人民共和国民法典》执行或双方协商解决。

12. 其他

1）工程竣工1个月内提供竣工报告和竣工资料，并在竣工3个月内将竣工决算以及相关资料送至监理单位预审。

2）施工单位有义务配合建设单位解决各项外部矛盾。

3）实施"营改增"后，涉及的有关内容，双方按照相关文件规定执行。

6.1.4 招标代理诚信库信息[⊖]

招标代理诚信库信息主要包括招标代理的基本信息和人员信息，供实训中模拟招标代理时录入相关条目的信息使用。

6.1.5 招标代理诚信库电子件

招标代理诚信库电子件主要包括招标代理人员和招标代理公司的相关证明证书，如招标代理人员职称证书、劳动合同、身份证、职业资格证书等，及招标代理公司营业执照、国家税务登记证、组织机构代码证等，供实训时上传相关电子件使用。

6.1.6 项目图

项目图包括本招标项目的建筑施工图、结构图、电气图、给水排水图和图答疑答复，供实训者编制投标文件时使用。

6.1.7 项目清单

项目清单是本招标项目的工程量清单，可以直接导入实训系统使用，提高招投标模拟实训的学习效率。

6.1.8 资金来源证明

资金来源证明是本招标项目的资金来源的相关证明，是工程招投标中必须上传的材

⊖ 6.1.4~6.1.8节的更多详细资料，可向出版社索取。

料之一，模拟实训系统也需要上传。

6.2 （案例二）新点园区办公楼及安置小区物业配套用房安装工程项目招投标

6.2.1 项目概况

1）名称：新点园区办公楼及安置小区物业配套用房安装工程项目（项目编号：XDXZQHC20211108686786234）。

2）建设单位及地点：新点园区管委会、苏州新点园区。

3）资金来源：自筹。

4）出资比例：国有资金占比 100%。

5）招标范围：工程量清单及图样范围内的工程。

6）工程规模：总投资约 324 万元。

7）建筑面积：3193.80m^2。

6.2.2 招标要求

1）招标范围：工程量清单及图样范围内的工程。

2）标段内容：土建工程、机电安装工程。

3）交易范围：工程量清单及图样范围内的工程。

4）资质要求：资质后审。

5）预估签约合同价款：324 万元。

6）计划开标时间：××××年××月××日 09：30（北京时间）。

7）计划开工时间：××××年××月××日。

8）计划工期：90 日历天。

9）质量要求：合格。

10）公告发布媒体：新点专区建设工程交易中心系统内发布。

11）投标保证金：人民币 60000 元。

12）投标保证金递交方式：银行本票、银行汇票、保函。

13）标书售价：500 元。

14）投标人资质条件、能力和信誉：企业资质为机电工程专业承包三级及以上资质，项目负责人为机电工程专业二级及以上注册建造师。

15）招标文件发售时间：××××年××月××日。

16）投标有效期：90d。

17）招标文件获取方法：新点专区建设工程交易中心系统内下载招标文件。

18）开标方式：不见面开标。

19）投标文件递交方法：新点专区建设工程交易中心系统内递交投标文件。

20）财务要求：近3年财务状况。

21）业绩要求：无。

22）信誉要求：无。

23）是否接受联合体投标：不接受。

24）踏勘现场和投标预备会：不组织，投标人自行勘查现场。

25）投标预备会：不召开。

26）投标人提出问题时间：××××年××月××日。

27）招标人书面澄清时间：××××年××月××日。

28）分包：不允许。

29）偏离：不允许。

30）投标人要求澄清招标文件截止时间：××××年××月××日。

31）投标人确认收到招标文件澄清的时间：在收到相应澄清文件后48h内。

32）投标人确认收到招标文件修改的时间：在收到相应修改文件后48h内。

33）构成投标文件的其他材料：无。

34）近年完成类似项目的年份要求：无。

35）近半年的诉讼及仲裁情况的年份：无。

36）是否允许递交备选投标方案：不允许。

37）签字和（或）盖章要求：无。

38）投标文件份数要求：无。

39）装订要求：无。

40）是否退还投标文件：否。

41）开标时间：同投标截止时间。

42）开标地点：本项目为不见面开评标，不见面开评标时各投标人无须到开评标现场，各投标人可在线观看开标及抽取系数过程。

43）开标程序要求：无。

44）评标委员会的组建：由7人构成，招标代表3人，专家4人，从评标专家库随机抽取。

45）是否授权评标委员会确定中标人：是。

46）推荐候选人数：3人。

47）履约担保：按合同中标价的 10% 计算。

48）担保方式：保函、银行转账、银行本票。

49）需要补充的其他内容：无。

50）类似工程业绩要求：无。

51）评标办法：本工程只对经过初步评审确定为有效标书的投标文件进行详细评审，采用合理低价法，总分 100 分，得分最高者为中标者。

6.2.3 合同主要条款

1. 工期

总工期 90d。工期包括完成本次招标工程发包范围内的全部工作内容的时间。一旦确定中标单位，投标工期将成为合同工期。正式开工工期从业主发出开工令后第三天起算，工程达到竣工验收条件时，施工单位应向建设单位提交交工验收报告，由建设单位会同监理、质检等单位组织验收，验收期间不做工期累计。如果工程验收合格，则施工单位提交交工验收报告的当天即为竣工日期；如果验收不合格返工，则返工工期将作为工期累积。

2. 质量

施工质量需达到合格。施工单位必须严格按照施工图样、工程技术要求，以及有关工程施工规范、规格和标准施工，并无条件地接受建设单位委托的监理单位全方位、全过程的监督管理。

3. 工期、质量奖罚

工期罚则每天不得低于"分部分项工程费 + 单价措施项目费 - 除税工程设备费"的 0.2‰，不响应招标文件的为无效标；质量罚则不得低于"分部分项工程费 + 单价措施项目费 - 除税工程设备费"的 1%，不响应招标文件的为无效标。

4. 材料设备供应

由承包人负责采购（除甲方供应材料外），施工单位应按监理要求提前申报材料采购计划，获得批准后，方可进行采购。材料进场前应接受监理组织的验收，不合格材料由监理标识后，限时运出场外。场内严禁堆放不合格材料，过期不处理的不合格材料，业主有权自行处理。

5. 合同价款及调整

1）本合同价款采用固定价格合同（固定单价合同）方式确定。

固定单价合同在合同约定的风险范围内不可调整（中标单价不根据市场价格进行调整）。工程量清单中的综合单价和其中以总额报价的项目今后不做调整。业主出具的设计变更内容和政策性调整除外。

2）对于合同价款中包括的风险范围，除第4）条款中风险范围以外的内容可调整外，其余不可调整。

3）风险费用的计算方法：无。

4）风险范围以外的内容：

①工程量。

②设计变更引起的工程量变化或直接造成的费用增加。例如：

a. 更改有关部分的标高、基线、位置和尺寸。

b. 增减合同中约定的工程量。

c. 改变有关工程的施工时间和顺序。

d. 其他有关工程变更需要的附加工作。

③发包人要求的承包范围以外的附加工程量。

④甲方提出对乙方提供的部分材料进行更改引起的价差。

⑤暂列金额及暂估价。

⑥政策性调整费用（包括新的验收标准、新的收费项目、人工调整、调整税率及增加税种、各收费项目的调整等）。

⑦发包人确认的其他费用。

5）风险范围外内容调整的方法：

①工程量由监理工程师及业主代表现场按实计量，并以经过程审计部门审核的数量为结算依据。

②政策性调整费用：可竞争费率按（新的政策性调整费率/投标时政策性费率）×投标书报价调整；不可竞争费率按实际差额调整费用。

③其他涉及设计变更及发包人要求的承包范围以外的附加工程量按以下办法结算：

a. 工程量由监理工程师及业主代表现场按实计量，并以经过程审计部门审核的数量为结算依据。

b. 价格：投标报价中若已有适用于变更工程的价格，则按已有的价格计价；投标报价中若只有类似于变更工程的价格，则可参照类似价格计价；投标报价中若无适用或类似于变更工程的价格，则由承包商提出适当的变更价格，经发包人和监理工程师及过程审计部门共同确认后执行。

6）其他工程价款调整方法：

①采用工程量清单方式计价，竣工结算的工程量按发承包双方在合同中约定应予计量且实际完成的工程量确定，完成发包人要求的合同以外的零星工作或发生非承包人责任事件的工程量按现场签证确认。

②当清单项目工程量的变化幅度超过10%，且其影响分部分项工程费超过0.1%时，应由受益方在合同约定时间内向合同的另一方提出工程价款调整要求，由承包人提出增加部分的工程量或减少后剩余部分的工程量的综合单价调整意见，经发包人确认后作为结算的依据，合同有约定的按合同执行。

③分部分项工程量清单漏项或非承包人原因导致的工程变更，造成施工组织设计或施工方案变更，引起措施项目发生变化的，由承包人根据措施项目变更情况，提出适当的措施费变更要求，经发包人确认后调整；合同有约定的按合同执行。

④在项目实施期间主要材料范围在合同中没有规定的，材料价格涨跌超出以下约定范围时，材料单价可以调整。

a. 材料费用占单位工程费2%以下的各类材料为非主要材料，非主要材料价格上涨或下跌时，其差价均由承包人承担或受益。

b. 主要材料发生上涨或下跌时，按以下方法调整：主要材料费用占单位工程费2%以上、10%以下的为第一类主要材料，其上涨或下跌在10%以内的，其差价由承包人承担或受益，超过10%的部分由发包人承担或受益；主要材料费用占单位工程费10%以上的为第二类主要材料，其上涨或下跌在5%以内的，其差价由承包人承担或受益，超过5%的部分由发包人承担或受益；

c. 调整差价应以当地发布的材料指导价格为基准价，差价为施工期间同类材料加权平均指导价与该工程递交投标文件截止日期前28d当月的材料指导价格的差额。

d. 施工期间材料加权平均指导价=$\sum$（每月实际使用量×当月材料指导价）/材料总用量。

e. 发包人原因造成工期延误的，延误期间发生的材料价格上涨差额由发包人承担；承包人原因造成工期延误的，延误期间发生的材料价格上涨差额由承包人承担。

f. 非承包人原因引起的分部分项工程量清单项目工程量增减，其相应的模板、脚手架等措施项目的工程量应调整。

6. 工程付款

工程付款方式：工程竣工验收合格并审计完成后，当年年底（农历年）即付至审定价的40%，第二次付款一年后的一周内付至审定价的70%，第三次付款一年后的一周内付清余款（含保修金，不计利息）。

7. 保修

按《建设工程质量管理条例》在合同中明确。

8. 分包与转包

本工程不允许转包和违法分包。

9. 工期顺延

双方约定工期顺延的其他情况：

1）在批准的关键线路中，工程量增加，对原工期造成实质性影响，且无法在原工期内完成。

2）不可抗力。

3）在批准的关键线路中，因发包方未能及时解决施工障碍而在原工期内无法完成。

10. 施工人员更换

施工中投标人擅自更换投标时承诺的注册建造师、项目工程师或投标时选派的注册建造师、项目工程师不能按时到位（注册建造师必须每天在工地履行职责，有事离开工地，须有业主工地代表或监理的书面认可，否则出现 3 次以上无故离开工地且不请假可视为已更换了注册建造师），将按违约处理，具体处罚在合同中明确。

11. 违约责任

1）在施工合同执行过程中，当因施工单位原因无法满足工程进度要求时，建设单位将提前 30 天通知限期改正，如仍不满足要求，业主有权终止施工合同，除没收履约保证金外，施工单位还应承担由此造成的经济损失。

2）在施工合同执行过程中，承包方必须保证施工人员的工资及时发放，如发生拖欠工资情况，业主可通知提供履约保函的银行无条件从履约保函中扣除相应金额进行支付。

3）按《中华人民共和国民法典》执行或双方协商解决。

12. 其他

1）工程竣工一个月内提供竣工报告和竣工资料，并在竣工 3 个月内将竣工决算以及相关资料送至监理单位预审。

2）施工单位有义务配合建设单位解决各项外部矛盾。

3）实施"营改增"后，涉及的有关内容，双方按照相关文件规定执行。

6.2.4 招标代理诚信库信息 ⊖

招标代理诚信库信息主要包括招标代理的基本信息和人员信息，供实训中模拟招标代理时录入相关条目的信息使用。

6.2.5 招标代理诚信库电子件

招标代理诚信库电子件主要包括招标代理人员和招标代理公司的相关证明证书，如招标代理人员职称证书、劳动合同、身份证、职业资格证书等，及招标代理公司营业执照、国家税务登记证、组织机构代码证等，供实训时上传相关电子件使用。

6.2.6 项目图

项目图包括本招标项目的建筑施工图、结构图、电气图、给水排水图，供实训者编制投标文件时使用。

6.2.7 项目清单

项目清单是本招标项目的工程量清单，可以直接导入实训系统使用，提高招投标模拟实训的学习效率。

6.2.8 资金来源证明

资金来源证明是本招标项目的资金来源的相关证明，是工程招投标中必须上传的材料之一，模拟实训系统也需要上传。

6.3 （案例三）新点便民中心建设项目招投标

6.3.1 项目概况

1）名称：新点便民中心建设项目（项目编号：XDBGL000200698765792002）。
2）建设单位及地点：新点园区管委会、新点项目园区。
3）资金来源：自筹。
4）出资比例：私有资金占比100%。
5）招标范围：工程量清单（含编制说明）范围内的全部工程。
6）工程规模：总投资约350万元。

⊖ 6.2.4～6.2.8节的更多详细资料，可向出版社索取。

7）建筑面积：1591.91m²，地上 3 层，建筑高度 15.96m。

6.3.2 招标要求

1）招标范围：工程量清单及图样范围内的工程。

2）标段内容：土建工程、机电安装工程。

3）交易范围：工程量清单及图样范围内的工程。

4）资质要求：资质后审。

5）预估签约合同价款：350 万元。

6）计划开标时间：×××× 年 ×× 月 ×× 日 09：30（北京时间）。

7）计划开工时间：×××× 年 ×× 月 ×× 日。

8）计划工期：180 日历天。

9）质量要求：合格。

10）公告发布媒体：新点专区建设工程交易中心系统内发布。

11）投标保证金及递交方式：人民币 62 000 元，银行本票、银行汇票、保函。

12）标书售价：300 元。

13）投标人资质条件、能力和信誉：企业资质为机电工程专业三级及以上资质，项目负责人为机电工程专业二级及以上注册建造师。

14）招标文件发售时间：×××× 年 ×× 月 ×× 日。

15）投标有效期：45d。

16）招标文件获取方法：新点专区建设工程交易中心系统内下载招标文件。

17）开标方式：不见面开标。

18）投标文件递交方法：新点专区建设工程交易中心系统内递交投标文件。

19）财务要求：近 3 年财务状况。

20）业绩要求：无。

21）信誉要求：无。

22）是否接受联合体投标：不接受。

23）踏勘现场和投标预备会：不组织，投标人自行勘查现场。

24）投标预备会：不召开。

25）投标人提出问题时间：×××× 年 ×× 月 ×× 日。

26）招标人书面澄清时间：×××× 年 ×× 月 ×× 日。

27）分包：本工程不允许转包和违法分包。

28）偏离：不允许。

29）投标人要求澄清招标文件截止时间：××××年××月××日。

30）投标人确认收到招标文件澄清的时间：在收到相应澄清文件后48h内。

31）投标人确认收到招标文件修改的时间：在收到相应修改文件后48h内。

32）构成投标文件的其他材料：无。

33）近年完成类似项目的年份要求：无。

34）近半年的诉讼及仲裁情况的年份：无。

35）是否允许递交备选投标方案：不允许。

36）签字和（或）盖章要求：无。

37）投标文件份数要求：无。

38）装订要求：无。

39）是否退还投标文件：否。

40）开标时间：同投标截止时间。

41）开标地点：本项目为不见面开评标，不见面开评标时各投标人无须到开评标现场，各投标人可在线观看开标及抽取系数过程。

42）开标程序要求：无。

43）评标委员会的组建：由7人构成，招标代表3人，专家4人，从评标专家库随机抽取。

44）是否授权评标委员会确定中标人：是。

45）推荐候选人数：3人。

46）履约担保：按合同中标价的10%计算。

47）担保方式：保函、银行转账、银行本票。

48）需要补充的其他内容：无。

49）类似工程业绩要求：无。

50）评标办法：本工程只对经过评审确定为有效标书的投标文件进行评审，采用经评审的合理低价评分法评标，以综合得分最高且能满足招标文件实质性要求的投标单位为中标单位。

6.3.3　招标文件的编制要求

1. 工期

总工期180d。

工期包括完成本次招标工程发包范围内的全部工作内容的时间，一旦确定中标单位，投标工期将成为合同工期。正式开工工期以业主发出开工令后第三天起算，工程达到竣工验收条件时，施工单位应向建设单位提交交工验收报告，由建设单位会同监理、质检等单位组织验收，验收期间不做工期累计。如果工程验收合格，则施工单位提交交工验收报告的当天即为竣工日期；如果验收不合格返工，则返工工期将作为工期累积。

2. 质量

施工质量需达到合格。施工单位必须严格按照施工图样、工程技术要求，以及有关工程施工规范、规格和标准施工，并无条件地接受建设单位委托的监理单位全方位、全过程的监督管理。

3. 工期、质量奖罚

工期罚则每天不得低于"分部分项工程费＋单价措施项目费－除税工程设备费"的0.2‰，不响应招标文件的为无效标；质量罚则不得低于"分部分项工程费＋单价措施项目费－除税工程设备费"的1%，不响应招标文件的为无效标。

4. 材料设备供应

由承包人负责采购（除甲方供应材料外），施工单位应按监理要求提前申报材料采购计划，获得批准后，方可进行采购。材料进场前应接受监理组织的验收，不合格材料由监理标识后，限时运出场外。场内严禁堆放不合格材料，过期不处理的不合格材料，业主有权自行处理。

5. 合同价款及调整

1）本合同价款采用固定价格合同（固定单价合同）方式确定。固定单价合同在合同约定的风险范围内不可调整（中标单价不根据市场价格进行调整）。工程量清单中的综合单价和其中以总额报价的项目今后不做调整。业主出具的设计变更内容和政策性调整除外。

2）对于合同价款中包括的风险范围，除第4）条款中风险范围以外的内容可调整外，其余不可调整。

3）风险费用的计算方法：无。

4）风险范围以外的内容：

①工程量。

②设计变更引起的工程量变化或直接造成的费用增加。例如：

a.更改有关部分的标高、基线、位置和尺寸。

b.增减合同中约定的工程量。

c.改变有关工程的施工时间和顺序。

d. 其他有关工程变更需要的附加工作。

③发包人要求的承包范围以外的附加工程量。

④甲方提出对乙方提供的部分材料进行更改，引起的价差。

⑤暂列金额及暂估价。

⑥政策性调整费用（包括新的验收标准、新的收费项目、人工调整、调整税率及增加税种、各收费项目的调整等）。

⑦发包人确认的其他费用。

5）风险范围外内容调整的方法：

①工程量由监理工程师及业主代表现场按实计量，并以经过程审计部门审核的数量为结算依据。

②政策性调整费用：可竞争费率按（新的政策性调整费率 / 投标时政策性费率）×投标书报价调整；不可竞争费率按实际差额调整费用。

③其他涉及设计变更及发包人要求的承包范围以外的附加工程量按以下办法结算：

a. 工程量由监理工程师及业主代表现场按实计量，并以经过程审计部门审核的数量为结算依据。

b. 价格：投标报价中若已有适用于变更工程的价格，则按已有的价格计价；投标报价中若只有类似于变更工程的价格，则可参照类似价格计价；投标报价中若无适用或类似于变更工程的价格，则由承包商提出适当的变更价格，经发包人和监理工程师及过程审计部门共同确认后执行。

6）其他工程价款调整方法：

①采用工程量清单方式计价，竣工结算的工程量按发承包双方在合同中约定应予计量且实际完成的工程量确定，完成发包人要求的合同以外的零星工作或发生非承包人责任事件的工程量按现场签证确认。

②当清单项目工程量的变化幅度超过 10%，且其影响分部分项工程费超过 0.1% 时，应由受益方在合同约定时间内向合同的另一方提出工程价款调整要求，由承包人提出增加部分的工程量或减少后剩余部分的工程量的综合单价调整意见，经发包人确认后作为结算的依据，合同有约定的按合同执行。

③分部分项工程量清单漏项或非承包人原因导致的工程变更，造成施工组织设计或施工方案变更，引起措施项目发生变化的，由承包人根据措施项目变更情况，提出适当的措施费变更要求，经发包人确认后调整；合同有约定的按合同执行。

④在项目实施期间主要材料范围在合同中没有规定的，材料价格涨跌超出以下约定范围时，材料单价可以调整。

a. 材料费用占单位工程费 2% 以下的各类材料为非主要材料，非主要材料价格上涨或下跌时，其差价均由承包人承担或受益。

b. 主要材料发生上涨或下跌时，按以下方法调整：主要材料费用占单位工程费 2% 以上、10% 以下的为第一类主要材料，上涨或下跌在 10% 以内的，其差价由承包人承担或受益，超过 10% 的部分由发包人承担或受益。主要材料费用占单位工程费 10% 以上的为第二类主要材料，上涨或下跌在 5% 以内的，其差价由承包人承担或受益，超过 5% 的部分由发包人承担或受益。

c. 调整差价：应以当地发布的材料指导价格为基准价，差价为施工期间同类材料加权平均指导价与该工程递交投标文件截止日期前 28d 当月的材料指导价格的差额。

d. 施工期间材料加权平均指导价 = ∑（每月实际使用量 × 当月材料指导价）/ 材料总用量。

e. 发包人原因造成工期延误的，延误期间发生的材料价格上涨差额由发包人承担；承包人原因造成工期延误的，延误期间发生的材料价格上涨差额由承包人承担。

f. 非承包人原因引起的分部分项工程量清单项目工程量增减，其相应的模板、脚手架等措施项目的工程量应调整。

6. 工程付款

工程付款方式：工程竣工验收合格并审计完成后，当年年底（农历年）即付至审定价的 40%，第二次付款一年后的一周内付至审定价的 70%，第三次付款一年后的一周内付清余款（含保修金，不计利息）。

7. 保修

按《建设工程质量管理条例》在合同中明确。

8. 分包与转包

本工程不允许转包和违法分包。

9. 工期顺延

双方约定工期顺延的其他情况：

1）在批准的关键线路中，工程量增加，对原工期造成实质性影响，且无法在原工期内完成。

2）不可抗力。

3）在批准的关键线路中，因发包方未能及时解决施工障碍而在原工期内无法完成。

10. 施工人员更换

施工中投标人擅自更换投标时承诺的注册建造师、项目工程师或投标时选派的注册建造师、项目工程师不能按时到位（注册建造师必须每天在工地履行职责，有事离开工地，须有业主工地代表或监理的书面认可，否则出现3次以上无故离开工地且不请假可视为已更换了注册建造师），将按违约处理，具体处罚在合同中明确。

11. 违约责任

1）在施工合同执行过程中，当因施工单位原因无法满足工程进度要求时，建设单位将提前30d通知限期改正，如仍不满足要求，业主有权终止施工合同，除没收履约保证金外，施工单位还应承担由此造成的经济损失。

2）在施工合同执行过程中，承包方必须保证施工人员的工资及时发放，如发生拖欠工资情况，业主可通知提供履约保函的银行无条件从履约保函中扣除相应金额进行支付。

3）按《中华人民共和国民法典》执行或双方协商解决。

12. 其他

1）工程竣工1个月内提供竣工报告和竣工资料，并在竣工3个月内将竣工决算以及相关资料送至监理单位预审。

2）施工单位有义务配合建设单位解决各项外部矛盾。

3）实施"营改增"后，涉及的有关内容，双方按照相关文件规定执行。

6.3.4 招标代理诚信库信息 ⊖

招标代理诚信库信息主要包括招标代理的基本信息和人员信息，供实训中模拟招标代理时录入相关条目的信息使用。

6.3.5 招标代理诚信库电子件

招标代理诚信库电子件主要包括招标代理人员和招标代理公司的相关证明证书，如，招标代理人员职称证书、劳动合同、身份证、职业资格证书等，及招标代理公司营业执照、国家税务登记证、组织机构代码证等，供实训时上传相关电子件使用。

⊖ 6.3.4~6.3.8节的更多详细资料，可向出版社索取。

6.3.6　项目图

项目图包括本招标项目的建筑施工图、结构图、电气图、给水排水图，供实训者编制投标文件时使用。

6.3.7　项目清单

项目清单是本招标项目的工程量清单，可以直接导入实训系统使用，提高招投标模拟实训的学习效率。

6.3.8　资金来源证明

资金来源证明是本招标项目的资金来源的相关证明，是工程招投标中必须上传的材料之一，模拟实训系统也需要上传。

参考文献
REFERENCE

［1］中华人民共和国住房和城乡建设部. 建设工程工程量清单计价规范: GB 50500—2013 ［S］. 北京: 中国计划出版社, 2013.

［2］《房屋建筑和市政工程标准施工招标资格预审文件》编制组. 中华人民共和国房屋建筑和市政工程标准施工招标资格预审文件: 2010 年版［M］. 北京: 中国建筑工业出版社, 2010.

［3］《房屋建筑和市政工程标准施工招标文件》编制组. 中华人民共和国房屋建筑和市政工程标准施工招标文件: 2010 年版［M］. 北京: 中国建筑工业出版社, 2010.

［4］江苏省建设工程招标投标办公室. 江苏省房屋建筑和市政基础设施工程施工招标文件示范文本: 2017 年版　适用于资格预审［R］. 2017.

［5］江苏省建设工程招标投标办公室. 江苏省房屋建筑和市政基础设施工程施工招标文件示范文本: 2017 年版　适用于资格后审［R］. 2017.

［6］沈中友. 工程招投标与合同管理［M］. 2 版. 北京: 机械工业出版社, 2021.

［7］全国一级建造师执业资格考试用书编写委员会. 建设工程项目管理［M］. 北京: 中国建筑工业出版社, 2022.

［8］全国一级建造师执业资格考试用书编写委员会, 建设工程法规及相关知识［M］. 北京: 中国建筑工业出版社, 2022.

［9］宋春岩. 建设工程招投标与合同管理［M］. 4 版. 北京: 北京大学出版社, 2022.

［10］杨勇, 狄文全, 冯伟. 工程招投标理论与综合实训［M］. 北京: 化学工业出版社, 2015.